数控编程与加工技术

主 编 郑向周
副主编 刘宝珠 王国章

北京理工大学出版社
BEIJING INSTITUTE OF TECHNOLOGY PRESS

内容简介

本书按照项目教学法的教学形式来组织编写，全书共分 3 部分：第一部分介绍数控编程与加工基础，第二部分介绍数控车床编程与加工，第三部分介绍数控铣床（加工中心）编程与加工。

本书以 FANUC 0I 数控系统和华中数控系统为背景，以零件的数控编程与加工为主线，将多个训练项目按照基础训练、专项训练、综合训练的顺序排列，由浅入深地介绍数控编程与加工技术，并以典型零件的加工为例介绍宏程序的应用与装配件的编程和加工。每个项目都配备了丰富的实训练习和自测试题供学习者巩固提高。

本书可作为高等院校数控专业及机械、机电类专业的教材，也可作为从事机械制造的工程技术人员的参考、学习、培训用书。

版权专有　侵权必究

图书在版编目（CIP）数据

数控编程与加工技术 / 郑向周主编. —北京：北京理工大学出版社，2018.2
ISBN 978-7-5682-5320-8

Ⅰ. ①数⋯　Ⅱ. ①郑⋯　Ⅲ. ①数控机床-程序设计-高等学校-教材②数控机床-加工-高等学校-教材　Ⅳ. ①TG659

中国版本图书馆 CIP 数据核字（2018）第 031646 号

出版发行 /	北京理工大学出版社有限责任公司
社　　址 /	北京市海淀区中关村南大街 5 号
邮　　编 /	100081
电　　话 /	（010）68914775（总编室）
	（010）82562903（教材售后服务热线）
	（010）68948351（其他图书服务热线）
网　　址 /	http://www.bitpress.com.cn
经　　销 /	全国各地新华书店
印　　刷 /	三河市天利华印刷装订有限公司
开　　本 /	787 毫米×1092 毫米　1/16
印　　张 /	15
字　　数 /	344 千字
版　　次 /	2018 年 2 月第 1 版　2018 年 2 月第 1 次印刷
定　　价 /	59.00 元

责任编辑 / 多海鹏
文案编辑 / 多海鹏
责任校对 / 周瑞红
责任印制 / 李　洋

图书出现印装质量问题，请拨打售后服务热线，本社负责调换

前 言

2015年5月8日，国务院印发《中国制造2025》，作出全面提升中国制造业发展质量和水平的重大战略部署，其根本目标在于改变中国制造业"大而不强"的局面。《中国制造2025》中多次提及数字化制造、智能制造、高端数控机床等内容，数控技术是我国从制造大国向制造强国转变的关键技术，是制造工业现代化的重要基础。这个基础是否牢固直接影响到一个国家的经济发展和综合国力，关系到一个国家的战略地位。因此，培养大批能熟练掌握数控机床编程、操作、修理、维护的高技能人才一直是紧迫的需求。

本书每一项目均按照项目任务式驱动，引入要学习的内容，由典型案例引入需要掌握的操作技能、相关知识解析、工艺分析计算、程序编制、实训内容，以便于理解和掌握。

本书特点在于例证丰富，每一个知识点都用实例来说明和验证，尽量减少文字叙述，多用图、表展示和说明。每一项目后面配备了丰富的自测题，用于学习者检测和巩固所学内容。

本书由郑向周担任主编，刘宝珠、王国章担任副主编，其中项目1和项目9～13由郑向周编写，项目2、3、7、8、14由刘宝珠编写，项目4～6由王国章编写。

全书由郑向周主审并修改整理。

由于编者水平所限，时间仓促，书中错误和缺陷在所难免，恳请广大读者来电、来函批评指正，共同探讨。

编 者

目 录

学习情境一　数控编程与加工基础

项目1　数控机床坐标系和编程规则 ········· 3
 1.1　技能解析 ········· 3
 1.2　相关知识 ········· 3
  1.2.1　数控机床的坐标系 ········· 3
  1.2.2　数控程序的编制、结构与功能 ········· 7
  1.2.3　常用编程指令 ········· 9
 1.3　实训内容 ········· 13
 1.4　自测题 ········· 14

学习情境二　数控车床编程与加工

项目2　数控车床操作与加工 ········· 17
 2.1　技能解析 ········· 17
 2.2　相关知识 ········· 17
  2.2.1　数控车床熟悉与生产现场定置管理 ········· 17
  2.2.2　数控车床面板操作 ········· 19
  2.2.3　数控车床仿真加工 ········· 24
 2.3　实训内容 ········· 34
 2.4　自测题 ········· 35

项目3　数控车床加工工艺、刀具与原点设置 ········· 36
 3.1　技能解析 ········· 36
 3.2　相关知识 ········· 36
  3.2.1　数控车床的工件装夹与刀具选择 ········· 36
  3.2.2　典型车削零件的工艺分析 ········· 41
  3.2.3　数控车对刀及工件零点的设置 ········· 47
  3.2.4　刀具偏置（补偿）的设定 ········· 49
 3.3　实训内容 ········· 52
 3.4　自测题 ········· 52

项目4　阶梯轴类零件加工与编程 ………………………………………………… 54
4.1　技能解析 ……………………………………………………………… 54
4.2　相关知识 ……………………………………………………………… 54
4.2.1　主轴转速功能设定（G96、G97、G50）………………………… 54
4.2.2　进给功能设定（G98、G99）……………………………………… 55
4.2.3　刀具功能T指令 ……………………………………………………… 55
4.2.4　快速定位运动（G00）……………………………………………… 56
4.2.5　直线插补（G01）…………………………………………………… 56
4.2.6　暂停指令（G04）…………………………………………………… 58
4.2.7　内（外）径车削单一固定循环指令（G90）……………………… 58
4.2.8　端面车削单一固定循环指令（G94）……………………………… 62
4.3　工艺分析及数据计算 …………………………………………………… 64
4.3.1　零件工艺分析及尺寸计算 …………………………………………… 64
4.3.2　工艺方案 ……………………………………………………………… 65
4.3.3　选择刀具、量具及切削用量 ………………………………………… 65
4.4　程序编制 ……………………………………………………………… 66
4.5　实训内容 ……………………………………………………………… 67
4.6　自测题 ………………………………………………………………… 67

项目5　圆弧成型面零件加工与编程 ………………………………………………… 69
5.1　技能解析 ……………………………………………………………… 69
5.2　相关知识 ……………………………………………………………… 69
5.2.1　圆弧插补指令（G02、G03）……………………………………… 69
5.2.2　刀具补偿功能指令 …………………………………………………… 72
5.3　工艺分析及数据计算 …………………………………………………… 76
5.3.1　零件工艺分析及尺寸计算 …………………………………………… 76
5.3.2　工艺方案 ……………………………………………………………… 76
5.3.3　选择刀具及切削用量 ………………………………………………… 77
5.4　程序编制 ……………………………………………………………… 77
5.5　实训内容 ……………………………………………………………… 79
5.6　自测题 ………………………………………………………………… 79

项目6　数控车螺纹加工与编程 …………………………………………………… 81
6.1　技能解析 ……………………………………………………………… 81
6.2　相关知识 ……………………………………………………………… 81
6.2.1　车螺纹的走刀路线设计及尺寸计算 ………………………………… 81
6.2.2　车螺纹切削用量的选择 ……………………………………………… 83
6.2.3　螺纹车削编程指令 …………………………………………………… 84
6.3　工艺分析及数据计算 …………………………………………………… 90
6.3.1　工艺分析及尺寸计算 ………………………………………………… 90
6.3.2　工艺方案 ……………………………………………………………… 91

6.3.3　选择刀具及切削用量 ·· 92
　6.4　程序编制 ·· 93
　6.5　实训内容 ·· 94
　6.6　自测题 ·· 95

项目7　数控车内/外轮廓加工循环 ·· 96
　7.1　技能解析 ·· 96
　7.2　相关知识 ·· 96
　　7.2.1　内/外径粗车循环指令（G71） ·· 96
　　7.2.2　端面粗车循环指令（G72） ··· 98
　　7.2.3　成型车削循环指令（G73） ··· 98
　　7.2.4　精车循环指令（G70） ·· 100
　7.3　工艺分析及数据计算 ·· 101
　　7.3.1　零件工艺分析及尺寸计算 ·· 101
　　7.3.2　工艺方案 ·· 102
　　7.3.3　选择刀具及切削用量 ·· 102
　7.4　程序编制 ·· 103
　7.5　实训内容 ·· 104
　7.6　自测题 ··· 104

项目8　数控车槽加工与子程序 ··· 106
　8.1　技能解析 ·· 106
　8.2　相关知识 ·· 106
　　8.2.1　端面（外圆）切槽指令（G01） ····································· 107
　　8.2.2　端面切槽循环指令（G74） ·· 108
　　8.2.3　内（外）圆切槽循环指令（G75） ·································· 109
　　8.2.4　子程序调用指令（M98） ·· 111
　　8.2.5　子程序结束指令（M99） ·· 113
　　8.2.6　编写子程序的注意事项 ··· 113
　8.3　工艺分析及数据计算 ·· 114
　　8.3.1　工艺分析 ·· 114
　　8.3.2　制定工艺方案 ··· 114
　　8.3.3　选择刀具及切削用量 ·· 114
　8.4　程序编制 ·· 115
　8.5　实训内容 ·· 115
　8.6　自测题 ··· 116

学习情境三　数控铣床（加工中心）编程与加工

项目9　数控铣床与铣削加工工艺 ··· 121
　9.1　技能解析 ·· 121

9.2 相关知识 ··· 121
9.2.1 数控铣床熟悉 ··· 121
9.2.2 数控铣床的工件装夹 ·· 125
9.2.3 数控铣床用刀具 ··· 126
9.2.4 数控铣床的对刀 ··· 130
9.2.5 典型铣削零件的工艺分析 ·· 134
9.3 实训内容 ··· 139
9.4 自测题 ··· 140

项目10 数控铣平面及外轮廓加工 ·· 142
10.1 技能解析 ·· 142
10.2 相关知识 ·· 143
10.2.1 圆弧插补（G02、G03）·· 143
10.2.2 数控铣床刀具半径补偿功能 ·· 145
10.2.3 自动返回参考点指令G28、从参考点返回指令G29 ················ 148
10.3 工艺分析及数据计算 ·· 150
10.3.1 典型案例零件工艺分析及尺寸计算 ································· 150
10.3.2 工艺方案 ·· 151
10.3.3 选择刀具及切削用量 ·· 151
10.4 程序编制 ·· 152
10.5 实训内容 ·· 153
10.6 自测题 ·· 154

项目11 数控铣槽特征零件加工 ··· 155
11.1 技能解析 ·· 155
11.2 相关知识 ·· 156
11.2.1 插补平面选择指令（G17、G18、G19）··························· 156
11.2.2 极坐标编程指令 ·· 157
11.2.3 刀具长度补偿指令（G43、G44、G49）··························· 158
11.3 工艺分析及数据计算 ·· 160
11.3.1 零件工艺分析及尺寸计算 ··· 160
11.3.3 选择刀具及切削用量 ·· 161
11.4 程序编制 ·· 161
11.5 实训内容 ·· 162
11.6 自测题 ·· 163

项目12 数控铣孔系加工 ··· 165
12.1 技能解析 ·· 165
12.2 相关知识 ·· 165
12.2.1 孔加工循环的动作 ·· 165
12.2.2 孔加工循环指令通式 ·· 166
12.2.3 孔加工循环指令 ·· 167

目录

12.3 工艺分析及切削用量选择 …………………………………………………… 174
   12.3.1 切削用量选择 …………………………………………………………… 174
   12.3.2 典型案例零件工艺分析 ………………………………………………… 174
   12.3.3 选择刀具及切削用量 …………………………………………………… 174
12.4 典型案例程序编制 …………………………………………………………… 175
12.5 实训内容 ……………………………………………………………………… 175
12.6 自测题 ………………………………………………………………………… 176

项目 13 数控铣型腔零件加工 ……………………………………………………… 178
13.1 技能解析 ……………………………………………………………………… 178
13.2 相关知识 ……………………………………………………………………… 178
   13.2.1 子程序使用指令（M98、M99） ……………………………………… 178
   13.2.2 缩放编程指令（G51、G50） ………………………………………… 180
   13.2.3 镜像编程指令（G51.1、G50.1） …………………………………… 181
   13.2.4 旋转编程指令（G68、G69） ………………………………………… 182
   13.2.5 加工中心自动换刀指令 M06、选刀指令 T …………………………… 184
13.3 工艺分析及数据计算 ………………………………………………………… 184
   13.3.1 零件工艺分析及尺寸计算 ……………………………………………… 184
13.4 程序编制 ……………………………………………………………………… 185
13.5 实训内容 ……………………………………………………………………… 186
13.6 自测题 ………………………………………………………………………… 187

项目 14 数控宏程序应用 …………………………………………………………… 188
14.1 技能解析 ……………………………………………………………………… 189
14.2 相关知识 ……………………………………………………………………… 189
   14.2.1 宏程序认识 ……………………………………………………………… 189
   14.2.2 变量及变量的运算 ……………………………………………………… 191
   14.2.3 变量的赋值 ……………………………………………………………… 196
   14.2.4 转向语句 ………………………………………………………………… 197
   14.2.5 与宏程序编程有关的问题 ……………………………………………… 199
14.3 工艺分析及数据计算 ………………………………………………………… 201
   14.3.1 椭圆零件加工典型案例 1 的工艺分析及数据计算 …………………… 201
   14.3.2 椭圆零件加工典型案例 2 的工艺分析及数据计算 …………………… 202
   14.3.3 典型案例 3 数控铣床加工零件上均布的 20 mm 孔 …………………… 203
14.4 程序编制 ……………………………………………………………………… 204
   14.4.1 典型案例 1 程序的编制 ………………………………………………… 204
   14.4.2 典型案例 2 程序的编制 ………………………………………………… 205
   14.4.3 典型案例 3 程序的编制 ………………………………………………… 206
14.5 实训内容 ……………………………………………………………………… 207
14.6 自测题 ………………………………………………………………………… 208

附录 ·· 210
　附录 1　FANUC 数控系统 G 代码、M 代码功能表 ·· 210
　附录 2　华中数控系统 G 代码功能表 ·· 213
　附录 3　数控铣床操作工国家职业标准 ·· 216
　附录 4　数控车床操作工国家职业标准 ·· 220
参考文献 ·· 224

学习情境一
数控编程与加工基础

项目 1　数控机床坐标系和编程规则

1.1　技能解析

（1）掌握数控机床坐标系概念，包括坐标轴方向的确定及机床坐标系、工件坐标系、机床参考点的概念等。

（2）掌握数控编程的步骤和内容、数控加工程序的结构格式、数控程序编制的规定，以及程序段、字功能等。

（3）掌握常用编程 M 功能指令和 G 功能指令的使用方法。

1.2　相关知识

1.2.1　数控机床的坐标系

1. 机床坐标系的定义

在数控机床上加工零件时，刀具与工件的相对运动必须在确定的坐标系中才能按编制的程序进行加工。刀具的每一个位置必须参照某一个基准点，准确地用坐标描述，这个基准点称为坐标系原点，再根据原点和坐标轴建立相应的机床坐标系。

数控加工之前，必须建立适当的坐标系，数控机床用户、数控机床制造厂及数控系统生产厂家必须有一个统一的标准建立和使用坐标系。

2. 右手笛卡尔坐标系

在 ISO 标准中统一规定采用右手直角笛卡尔坐标系对机床的坐标系进行命名。机床坐标轴的命名方法如图 1-1 所示。右手的拇指、食指和中指互相垂直，其三个手指所指的方向分别为 X 轴、Y 轴和 Z 轴的正方向。绕 X、Y、Z 轴的转动轴用字母 A、B、C 表示，其转动的正方向用右手螺旋法则确定，如图 1-1 所示。

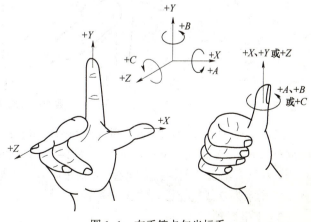

图 1-1　右手笛卡尔坐标系

3. 数控机床坐标轴及方向的确定

标准规定：机床某部件运动的正方向，是增大工件与刀具之间距离的方向，坐标轴确定顺序为先确定 Z 轴，再确定 X 轴，最后确定 Y 轴。

1）Z 轴的确定

Z 坐标轴是由传递主切削动力的主轴所决定的，一般平行于数控机床主轴轴线的坐标轴即为 Z 坐标轴，Z 坐标轴的正方向为刀具离开工件的方向。如图 1-2 所示。

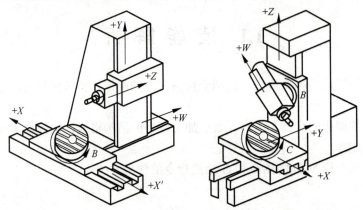

图 1-2 与主轴所在轴线方向一致的为 Z 轴

2）X 坐标轴

X 坐标轴通常平行于工件的装夹平面，一般在水平面内。确定 X 轴的方向时，要考虑两种情况：

（1）如果工件做旋转运动（车床），X 轴在工件的径向，且刀具离开工件的方向为 X 坐标轴的正方向。图 1-3 所示为数控车床的 X 坐标轴。

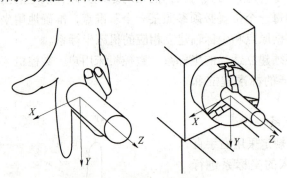

图 1-3 数控车床的坐标系

（2）如果刀具做旋转运动，则又分为两种情况：当 Z 坐标轴垂直，观察者面对刀具主轴向立柱看时，$+X$ 运动方向指向右方，图 1-4 所示为立式数控铣床的 X 坐标轴；当 Z 坐标轴水平，观察者沿刀具主轴正方向看（Z 轴正向），$+X$ 向指向左侧（用右手迪卡尔坐标系判定），图 1-5 所示为立式数控铣床的 X 坐标轴。

3）Y 坐标轴

在确定了 X、Z 坐标轴的正方向后，可以根据 X 和 Z 坐标轴方向，按照右手笛卡尔坐标系规则来确定 Y 轴，如图 1-4 和图 1-5 所示。

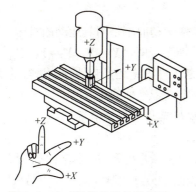
图1-4 立式数控铣床的坐标系

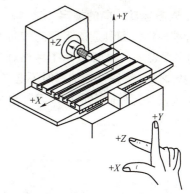
图1-5 卧式数控铣床的坐标系

4. 常见数控机床的坐标系

图1-6所示为常见数控机床的坐标系。

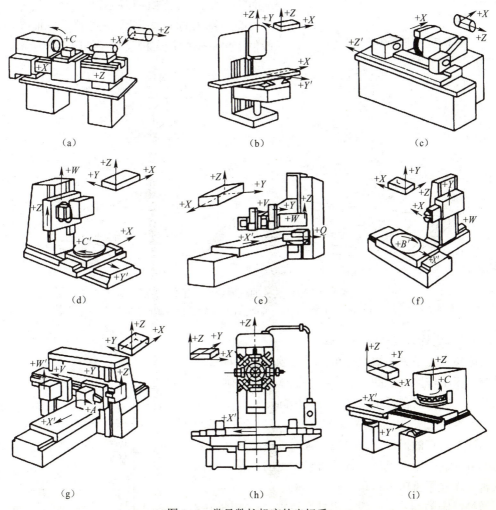

图1-6 常见数控机床的坐标系

（a）卧式数控车床；（b）立式升降台数控铣床；（c）数控外圆磨床；（d）五坐标摆动铣头数控铣床；（e）悬臂数控刨床；
（f）卧式数控镗铣床；（g）数控龙门铣床；（h）数控水平转塔钻床；（i）数控立式冲床

5. 对于运动方向的规定

标准规定，刀具远离工件的方向为正方向。对于工件运动而不是刀具运动的机床，用带"'"的字母表示，如 X' 表示工件相对于刀具的正向运动指令，即"$X'=-X$，$Y'=-Y$，$Z'=-Z$"，这样规定之后，编程员在编程时不必考虑具体的机床上是工件固定还是工件移动进行的加工，而是永远假设工件固定不动，刀具相对于工件移动来决定机床坐标的正方向。

6. 机床坐标系与工件坐标系

1）机床坐标系与机床原点

数控机床坐标系是机床的基本坐标系，机床坐标系的原点也称机械原点或零点，这个零点是机床固有的点，由生产厂家事先确定，不能随意改变，它是其他坐标系和机床内部参考点的出发点。不同数控机床坐标系的零点也不同。数控车床的机械零点在主轴前端面的中心上，如图1-7所示。

数控铣床的机械原点，因生产厂家而异，其一般位于坐标轴的最大极限点，如图1-8所示。

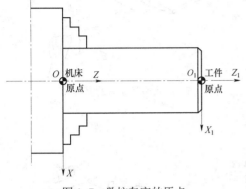

图1-7 数控车床的原点

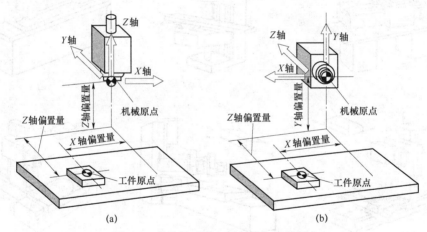

图1-8 数控铣床的机械原点与工件原点
（a）立式数控铣床的原点偏置；（b）卧式数控铣床的原点偏置

2）机床坐标系与机床参考点

机床参考点是大多数数控机床所必须具有的，它是在数控机床工作区确定的一个点，与机床原点有确定的尺寸联系。参考点在各轴以硬件方式用固定的凸块和限位开关实现。机床通电后，如果移动件（刀架或工作台）进行返回参考点的操作，则数控装置通过移动件（刀架或工作台）返回参考点后确认出机床原点的位置，数控机床也就建立了机床坐标系。

数控铣床的参考点一般与机械原点重合，如图1-8所示。数控车床的参考点在坐标值的最大极限位置，如图1-9所示。

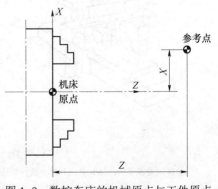

图1-9 数控车床的机械原点与工件原点

3）工件坐标系与工件原点

工件坐标系是编程人员使用的，以图纸上的某一点为原点所建立的坐标系。一般工件坐标系与机床坐标系的坐标轴要平行且方向一致，其原点也称为工件原点、编程原点。图 1-7 所示为数控车床的工件原点，图 1-8 所示为数控铣床的工件原点。

1.2.2 数控程序的编制、结构与功能

1. 数控编程的定义、内容和方法

1）编程定义

把零件的加工工艺路线、工艺参数、刀具的运动轨迹、位移量、切削参数（主轴转数、进给量、背吃刀量等）以及辅助功能（换刀、主轴正转、反转、切削液开、关等），按照数控系统规定的指令代码及程序格式编写成加工程序，再把这一程序中的内容输入到数控机床的数控系统中，从而指挥机床加工零件。这种从零件分析到形成数控加工程序的全部过程叫数控编程。

2）编程内容

零件图样分析→工艺过程确定→数值的计算→程序的编写→程序的校核并试切。

3）编程的方法

（1）手工编程。

① 定义：数控加工程序编制的各个阶段均由人工完成的编程方法，称为手工编程。

② 方法：一般都采用 ISO 数控标准代码和指定格式进行程序编写，然后通过操作键盘送入数控系统内，再进行调试和修改等。

③ 特点：方便、实用，不受条件限制，人工完成编程各阶段工作。

④ 缺点：耗费时间较长，容易出现错误，无法胜任复杂形状零件的编程。

⑤ 适用：零件轮廓形状（无非圆曲线、曲面）较简单。

（2）自动编程。

① 定义：除了分析图样和制定工艺方案由人工进行外，由计算机完成程序编制中的大部分或全部工作的编程方法，称为自动编程。

② 方法：

a. 用编程语言编程，它是利用计算机和相应的前置、后置处理程序对零件源程序进行处理，以得到加工程序的一种编程方法。

b. 对于复杂的三维问题可用 CAD/CAM 编程软件进行，如 UG、MASTEREAM、CAXA 制造工程师、中望 3D 软件等，目前较多地采用了计算机 CAD / CAM 图形交互式自动编程。

③ 过程：将零件的图形信息直接输入计算机，通过自动编程软件的处理，得到数控加工程序。其数学处理、编写程序和检验程序等工作是由计算机自动完成的。

④ 特点：计算机自动编程代替程序编制人员完成了烦琐的数值计算，可极大地提高编程效率，因此解决了手工编程无法解决的许多复杂零件的编程难题。因而，自动编程的特点就在于编程工作效率高，可解决复杂形状零件的编程难题。

2. 数控加工程序的结构、格式与功能

程序的组成与结构：一个完整的数控加工程序由程序号、程序内容和程序结束三部分组成。

（1）程序号。

程序号是程序的开始部分，一般由规定的英文字母或符号（O、P、%等）开头，后面紧跟若干位数字组成。

（2）程序内容。

程序内容由若干个程序段组成，表示机床要完成的加工内容，它是整个程序的核心。

（3）程序结束。

程序结束可通过程序结束指令 M02 或 M30 来实现，它位于整个主程序的最后。

程序示例见表 1-1。

表 1-1　数控加工示例程序

程　序	说　明
O1000；	（程序号）
N10　G00　G54　X50　Y30；	（程序内容）
N20　M03　S3000；	
N30　G01　X88　Y30　F500；	
N40　T02　M08；	
N50　X90；	
……	
N90　M30；	（程序结束指令）

程序段格式：程序段是组成程序的基本单元，它由若干个程序字（或称功能字）组成，用来表示机床执行的某一个动作或一组动作。

常用的程序字按其功能不同可分为 7 种类型，分别称为顺序号字（N）、准备功能字（G）、尺寸字（如 X20）、进给功能字（F）、主轴转速功能字（S）、刀具功能字（T）和辅助功能字（M），如图 1-10 所示。

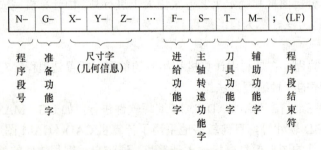

图 1-10　程序段的基本格式

（1）顺序号字 N。

顺序号又称程序段号或程序段序号，顺序号位于程序段之首，由顺序号字 N 和后续数字组成。其作用为校对、条件跳转和固定循环等，使用时应间隔采用，如 N10，N20，N30，…。程序号只起标记作用，没有实际的前后顺序意义。

（2）准备功能字 G。

准备功能字的地址符是 G，又称为 G 功能或 G 指令，是用于建立机床或控制系统工作方式的一种指令，G 功能指令分为模态代码和非模态代码两类：

① 模态代码（续效代码）——在同组其他的指令出现以前一直有效。

② 非模态代码（非续效代码）——只在被指定的程序段有意义，下一个程序段需要时需重新写出。

G 代码从 G00～G99 共 100 条。

（3）尺寸字。

尺寸字用于确定机床上刀具运动终点的坐标位置。其中，第一组 X，Y，Z，U，V，W，P，Q，R 用于确定终点的直线坐标尺寸；第二组 A，B，C，D，E 用于确定终点的角度坐标尺寸；第三组 I，J，K 用于确定圆弧轮廓的圆心坐标尺寸。

（4）进给功能字 F。

进给功能字的地址符是 F，又称为 F 功能或 F 指令，用于指定切削的进给速度。对于车床，F 可分为每分钟进给（mm/min）和主轴每转进给（mm/r）两种；对于其他数控机床，一般只用每分钟进给。F 指令在螺纹切削程序段中常用来指令螺纹的导程。

（5）主轴转速功能字 S。

主轴转速功能字的地址符是 S，又称为 S 功能或 S 指令，用于指定主轴转速，单位为 r/min。

（6）刀具功能字 T。

刀具功能字的地址符是 T，又称为 T 功能或 T 指令，用于指定加工时所用刀具的编号，如 T01。对于数控车床，其后的数字还兼作指定刀具长度补偿和刀尖半径补偿用，如 T0101。

（7）辅助功能字 M。

辅助功能字的地址符是 M，后续数字一般为 1～3 位正整数，又称为 M 功能或 M 指令，用于指定数控机床辅助装置的开关动作。

1.2.3 常用编程指令

1. 常用辅助功能指令——M 指令

M 指令常用作机床加工时的工艺性指令，用来指令数控机床辅助装置的接通和断开（即开关动作），表示机床各种辅助动作及其状态。

M 功能有非模态和模态两种形式，非模态 M 功能（当段有效代码）只在书写了该代码的程序段中有效。模态 M 功能（续效代码）是一组可相互注销的 M 功能，这些功能在被同一组的另一个功能注销前一直有效。

模态 M 功能组中包含一个默认功能，系统上电时将被初始化为该功能。

M 功能还可分为前作用 M 功能和后作用 M 功能两类，前作用 M 功能在程序段编制的轴运动之前执行，后作用 M 功能在程序段编制的轴运动之后执行。

1）程序停止（M00）

功能：程序暂停，在自动加工过程中，当程序运行至 M00 时，程序停止执行，主轴停，切削液关闭，以便进行手工操作，如换刀、测量等。重新运行程序按"启动"键，可继续执行程序。

格式：M00

2）计划停止（M01）

功能：计划暂停，程序中的 M01 通常与机床操作面板上的"任选停止按钮"配合使用，当"任选停止按钮"为"ON"，执行 M01 时，与 M00 功能相同；当"任选停止按钮"为"OFF"，执行 M01 时，程序不停止。

格式：M01

3）程序结束指令（M02，M30）

功能：当全部程序结束后，以此使主轴、进给、冷却全部停止，并使数控系统处于复位状态。M30 可使程序返回到开始状态（换工件时用）。

格式：M02（M30）

说明：该指令用在程序的最后一个程序段中。

4）主轴旋转功能指令（M03、M04、M05）

功能：M03——命令主轴正转。

M04——命令主轴反转。

M05——命令主轴停止转动。

格式：M03/M04 S__；（S 为主轴转速功能指令）

5）自动换刀指令（M06）

功能：命令机床自动换刀，用于加工中心刀库换刀前的准备动作。

格式：M06 T__；（T 代表刀具功能指令，用来表示选择刀具号）

6）冷却功能指令（M07、M08、M09）

功能：M07——1 号切削液（雾状）开。

M08——2 号切削液（液状）开。

M09——切削液关（注销 M07、M08）。

格式：M07（M08）

2. 常用 G 指令编程指令

1）快速点位运动指令（G00）

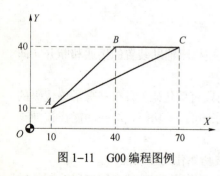

图 1-11 G00 编程图例

功能：刀具相对于工件，以预先设定的速度快速从一个位置移动到另一个位置，移动速度由机床参数设定，运动过程中不进行切削。

格式：G00 X__ Y__ Z__；

说明：程序中 X、Y、Z 表示运动终点坐标值，分为终点绝对坐标值和相对坐标值。

如图 1-11 所示，刀具快速定位到 A 点，再定位到 B 点、C 点，最后返回到 A 点，加工程序见表 1-2。

表 1-2 G00 快速定位编程指令编程方法

程　序	说　明
...	
N060　G00　X10　Y10；	刀具快速定位到 A 点
N070　(G00)　X40　Y40；	刀具快速定位到 B 点
N080　(G00)　X70　Y40；	刀具快速定位到 C 点
N090　(G00)　X10　Y10；	刀具快速返回到 A 点
...	（后三句加括号表示此处可省略）

2）直线插补指令（G01）

功能：命令刀具从当前位置以两坐标或三坐标联动方式，按预先设定指定的进给速度做任意斜率的直线运动到达指定的位置。

格式：G01 X__ Y__ Z__ F__；

说明：程序中 X、Y、Z 表示运动终点坐标值，分为终点绝对坐标值和相对坐标值，F 表示设定的进给速度。

例如，仍然以图 1–11 为例，刀具从原点 O 快速定位到 A 点，再以 60 mm/min 的进给速度插补到 B 点，以 90 mm/min 的进给速度插补到 C 点，最后以 G00 返回到 A 点，加工程序见表 1–3。

表 1–3　G01 直线插补指令编程方法

程　序	说　明
... N060　G00　X10　Y10； N070　G01　X40　Y40　F60； N080　(G01)　X70　Y40　F90； N090　G00　X10　Y10； ...	刀具快速定位到 A 点 刀具以 60 mm/min 的进给速度插补到 B 点 刀具以 90 mm/min 的进给速度插补到 C 点（括号表示此处可省略） 刀具快速返回到 A 点

3）绝对值编程指令（G90）与增量值编程指令（G91）

（1）G90 指令功能：使用该指令格式后，程序中的尺寸字为绝对坐标值，即每个编程坐标轴上的编程值是相对于程序原点的。

格式：G90

（2）G91 指令功能：使用该指令格式后，程序中的尺寸字为增量值，即每个编程坐标轴上的编程值是相对于前一位置而言，该值等于沿轴移动的距离。

格式：G91

例如，如图 1–12 所示，使用绝对尺寸 G90 编程，G01 速度从 A 点出发到 B 点，再运行到 C 点，进给速度为 60 mm/min，加工程序见表 1–4。

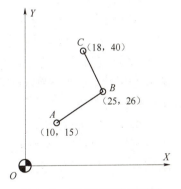

图 1–12　绝对相对编程图例

表 1–4　G90 绝对值指令编程方法

程　序	说　明
... N060　G90　G01　X25　Y26　F60； N070　(G90)　(G01)　X18　Y40； ...	G01 速度从 A 点出发到 B 点，进给速度为 60 mm/min G01 速度从 B 点出发到 C 点，进给速度为 60 mm/min（括号表示此处可省略）

仍以图 1–12 为例，使用相对尺寸 G91 编程，G01 速度从 A 点出发到 B 点，再运行到 C 点，进给速度为 60 mm/min，加工程序见表 1–5。

表 1-5 G91 相对值指令编程方法

程 序	说 明
... N060　G91　G01　X15　Y11　F60; N070　(G91)　(G01)　X 7　Y14; ...	G01 速度从 A 点出发到 B 点，进给速度为 60 mm/min G01 速度从 B 点出发到 C 点，进给速度为 60 mm/min（括号表示此处可省略）

4）坐标系设定指令（G92）

功能：执行此程序段时机床建立临时坐标系，刀具并不产生运动。

格式：G92　X__Y__Z__;

说明：G92 指令通过设定刀具与坐标系原点的相对位置建立工件坐标系。工件坐标系一旦建立，绝对值编程时的指令值就是在此坐标系中的坐标值，G92 指令为非模态指令，一般放在一个零件程序的第一段。

例如，使用 G92 编程，建立如图 1-13 所示的工件坐标系。

编写程序为：G92　X20　Y30　Z20;

5）选择机床坐标系指令（G53）

功能：G53 是机床坐标系编程，在含有 G53 的程序段中，绝对值编程时的指令值是此机床坐标系中的坐标值。

格式：G53

G53 指令为非模态指令。

6）选择工件坐标系指令（G54、G55、G56、G57、G58、G59）

功能：在编程过程中，有时零件的加工部位很多，为了避免尺寸换算，可以预先设定多达 6 个辅助工件坐标系（G54~G59），加工时直接调用辅助工件坐标系，将刀具移至该辅助工件坐标系中进行加工。

格式：G54~G59

例如，如图 1-14 所示使用工件坐标系编程要求刀具从当前点移动到 A 点，再从 A 点移动到 B 点，加工程序见表 1-6。

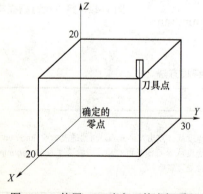

图 1-13　使用 G92 建立工件坐标系

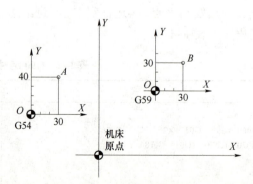

图 1-14　工件坐标系编程图例

表 1-6　工件坐标系使用编程方法

程　　序	说　　明
...	
N30　G54　G00　G90　X30　Y40;	刀具快速移动到 A 点
N40　G59;	切换为 G59 工件坐标系
N50　G00　X30　Y30;	刀具快速移动到 B 点
...	

注意事项：

（1）G92 指令与 G54~G59 指令都用于设定工件加工坐标系，但在使用中是有区别的。G92 指令是通过程序来设定、选用加工坐标系的，它所设定的加工坐标系原点与当前刀具所在的位置有关，这一加工原点在机床坐标系中的位置是随当前刀具位置的不同而改变的。

（2）当执行程序段"G92　X10　Y10;"时，常会认为是刀具在运行程序后到达（X10, Y10）点上。其实，G92 指令程序段只是设定加工坐标系，并不产生任何动作，这时刀具已在加工坐标系中的（X10, Y10）点上了。

（3）G54~G59 指令程序段可以和 G00、G01 指令组合，如执行程序段"G54 G90 G01 X10 Y10;"时，运动部件在选定的加工坐标系中进行移动。程序段运行后，无论刀具当前点在哪里，它都会移动到加工坐标系中的（X10, Y10）点上。

数控机床经常使用的 G 功能指令还有圆弧插补指令 G02、G03，在本书后续项目中会根据不同加工机床进行详细介绍，此处不再赘述。

1.3　实训内容

如图 1-15 所示，使用工件坐标系编程：要求刀具从当前点以 G00 移动到 G54 坐标系下的 A 点，再以 G01 移动到 G59 坐标系下的 B 点（F=100），然后再快速移动到 G54 坐标系零点 O_1 点。

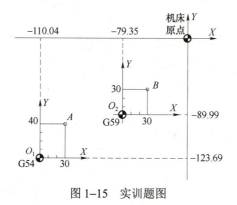

图 1-15　实训题图

1.4 自 测 题

1. 填空题（请将正确的答案填写在空格内）

（1）数控机床程序编制的方法有_____、_____。

（2）数控系统中 M01、M02、M03 指令的功能分别是 _____、_____、_____。

（3）数控系统中 G02、G03、G04 指令的功能分别是_____、_____、_____。

（4）数控机床的三个原点是指_____、_____、_____。

（5）数控系统 S1500、T0200 指令的含义分别是_____、_____。

2. 选择题（请将正确答案的序号填写在题中的括号内）

（1）数控机床有不同的运动形式，需要考虑工件与刀具的相对运动关系和坐标系方向，编写程序时，采用（　　）的原则。

A. 刀具固定不动，工件移动

B. 铣削加工刀具固定不动，工件移动；车削加工刀具移动，工件固定

C. 分析机床运动关系后再根据实际情况确定两者的固定和移动关系

D. 工件固定不动，刀具移动

（2）数控机床上有一个机械原点，其到机床坐标零点在进给坐标轴方向上的距离可以在机床出厂时设定，该点称为（　　）。

A. 工件零点　　　　B. 机床零点　　　　C. 机床参考点　　　　D. 机械原点

（3）以下指令中，（　　）是准备功能字。

A. M03　　　　B. G90　　　　C. X25　　　　D. S700

（4）确定数控机床坐标轴时，一般应先确定（　　）。

A. X 轴　　　　B. Y 轴　　　　C. Z 轴　　　　D. A 轴

（5）确定机床坐标系时，一般（　　）。

A. 采用右手笛卡尔坐标系　　　　B. 采用极坐标系

C. 用左手判断　　　　D. 先确定 X、Y 轴，再确定 Z 轴

3. 编程题

如图 1-16 所示，不考虑刀具的实际尺寸，在加工下面轮廓形状时，试分别用绝对方式和增量方式编写加工程序，G（5，5）为起刀点。

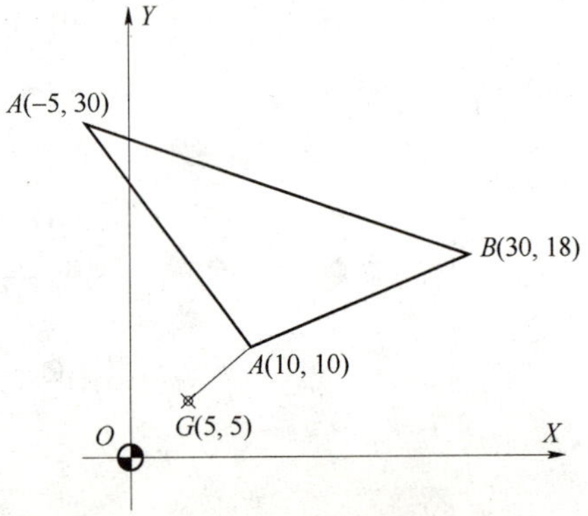

图 1-16　第 3 题图

学习情境二
数控车床编程与加工

项目 2　数控车床操作与加工

2.1　技能解析

（1）熟悉数控车床的结构特点及其分类，掌握数控车床面板的操作，了解数控车床的日常维护与管理。

（2）通过在数控仿真加工系统（FANUC 0I）数控车床上的一个加工实例，掌握数控加工仿真系统（FANUC 0I）数控车床的基本操作方法及加工的基本步骤。

2.2　相关知识

2.2.1　数控车床熟悉与生产现场定置管理

1. 数控车床的功能及特点

数控车床是目前使用最广泛的数控机床之一，其是由数控系统、床身、主轴、进给系统、回转刀架、操作面板和辅助系统等部分组成的。虽然数控车床的外形与普通车床相似，但是数控车床的进给系统与普通车床有质的区别，传统普通车床有进给箱和交换齿轮架，而数控车床是直接用伺服电动机通过滚珠丝杠驱动溜板和刀架实现进给运动的，因而进给系统的结构大为简化。数控车床和普通车床的工件安装方式基本相同，为了提高加工效率，数控车床多采用液压、气动和电动卡盘。

数控车床主要用于加工轴类和盘类等回转体零件。通过数控加工程序的运行，可自动完成内外圆柱面、圆锥面、成形表面、螺纹和端面等工序的切削加工，并能进行车槽、钻孔、扩孔和铰孔等工作。数控车床可在一次装夹中完成更多的加工工序，提高了加工精度和生产效率，特别适合于复杂形状的回转类零件的加工。

2. 数控车床的分类

数控车床品种繁多，规格不一，按数控车床主轴位置分类可分为立式和卧式两大类。

（1）立式数控车床。立式数控车床简称数控立车，其车床主轴垂直于水平面（一个直径很大的圆形工作台），用来装夹工件。这类机床主要用于加工径向尺寸大、轴向尺寸相对较小的大型复杂零件，如图 2-1 所示。

（2）卧式数控车床。卧式数控车床又分为水平导轨卧式数控车床和倾斜导轨卧式数控车床，其倾斜导轨结构可以使车床占地面积小，并易于排除切屑。如图 2-2 所示。

图 2-1　立式数控车床

图 2-2　卧式数控车床

按功能分类：

（1）经济型数控车床。采用步进电动机和单片机对普通车床的进给系统进行改造后形成的简易型数控车床，成本较低，自动化程度和功能都比较差，车削加工精度也不高，适用于要求不高的回转体零件的车削加工。

（2）全功能数控车床。根据车削加工要求在结构上进行专门设计并配备通用数控系统而形成的数控车床，数控系统功能强，自动化程度和加工精度比较高，适用于加工精度要求高、形状复杂的回转体零件的车削加工。这种数控车床可同时控制两个坐标轴，即 X 轴和 Z 轴。

（3）精密型数控车床。该种数控车床采用闭环控制，不但具有全功能型数控车床的全部功能，而且机械系统的动态响应较快，适用于精密和超精密加工。

图 2-3　车削加工中心

（4）车削加工中心。在全功能数控车床的基础上，增加了 C 轴和动力头，更高级的数控车床带有刀库，可控制 X、Z 和 C 三个坐标轴，联动控制轴可以是 (X,Z)、(X,C) 或 (Z,C)。由于增加了 C 轴和铣削动力头，故这种数控车床的加工功能大大增强，除可以进行一般车削加工外，还可以进行径向和轴向铣削、曲面铣削、中心线不在零件回转中心的孔和径向孔的钻削等加工。如图 2-3 所示。

3. 数控车床的安全操作

1）加工前的安全操作

（1）开机前应对数控车床进行全面细致的检查，包括操作面板、导轨面、卡爪、尾座、刀架和刀具等，确认无误后方可操作。零件加工前，首先检查机床及其运行状况，该项检查可以通过试车的方法进行。

（2）在操作机床前，应仔细检查输入的数据，核对代码、地址、数值、正负号、小数点及语法是否正确，以免引起误操作。

（3）确保编程指定的进给速度与实际操作所需要的进给速度相适应。

（4）当使用刀具补偿时，应再次检查补偿方向与补偿量。

（5）CNC 参数都是机床出厂时设置好的，通常不需要修改。如果必须修改，在修改前应确保对参数有深入全面的了解。

（6）机床通电后，在 CNC 装置尚未出现位置显示或报警画面前，不应触碰 MDI 面板上的任何键。因为 MDI 上的有些键是专门用于维护和特殊操作的，如在开机的同时按下这些键，可能产生机床数据丢失等错误。

（7）数控车床通电后，检查各开关、按钮和按键是否正常、灵活，机床有无异常现象。

2）机床操作过程中的安全操作

（1）当手动操作机床时，要确定刀具和工件的当前位置，并保证正确指定了运动轴、方向和进给速度。

（2）机床通电后，必须首先执行手动返回参考点操作。如果机床没有执行手动返回参考点操作，则机床的运动不可预料，极易发生碰撞事故。

（3）在使用手轮进给时，一定要选择正确的手轮进给倍率，过大的手轮进给倍率容易使刀具或机床损坏。

（4）在手动干预、机床锁住或平移坐标操作时，都可能使工件坐标系位置发生变化。用加工程序控制机床前，应先确认工件坐标系。

（5）未装工件前，常常空运行一次程序，看程序能否顺利进行，刀具和夹具安装是否合理，有无超程或干涉现象，即通过机床空运行来确认机床运行的正确性。在空运行过程中，机床以系统设定的空运行进给速度运行，这与程序输入的进给速度不一样，而且空运行的进给速度要比编程用的进给速度快得多。

（6）试切进刀时，快速倍率开关必须打到较低挡位。在刀具运行至距工件 30～50 mm 处，必须在进给保持下验证 Z 轴与 X 轴坐标剩余值和加工程序是否一致。

（7）在加工中，刃磨刀具和更换刀具后，要重新测量刀具位置并修改刀补值。

（8）必须在确认工件夹紧后才能启动机床，严禁在工件转动时测量、触摸工件。

（9）操作中出现工件跳动、打抖、异常声音、夹具松动等异常情况时，必须立即停车处理。

（10）紧急停车后，应重新进行机床"回零"操作后才能再次运行加工程序。

3）与编程相关的安全注意事项

（1）如果没有正确设置工件坐标系，尽管程序指令是正确的，但机床仍不能按其加工程序规定的位置运动。

（2）在编程过程中，一定要注意公、英制的转换，使用的单位制式一定要与机床当前使用的单位制式相同。

（3）当编制恒线速度指令时，应注意主轴的转速，特别是靠近主轴轴线时的转速不能过高。因为，当工件安装不太牢时，会由于离心力过大而甩出工件，造成事故。

（4）在刀具补偿功能模式下，当出现基于机床坐标系的运动命令或参考点返回命令时，补偿就会暂时取消，这极有可能导致机床发生不可预想的事故。

2.2.2 数控车床面板操作

为了更好地了解数控车床操作面板上各个按键的功能，掌握数控车床的调整，做好加工前的准备工作，首先需要熟悉数控车床面板操作。

现以 FANUC 0I 系统数控车床为例，重点介绍数控系统操作面板和机床操作面板两方面的内容。

1. 数控系统操作面板

数控系统操作面板又称手动数据输入（Manual Data Input，MDI）面板，大体分为地址/数字键区、功能键区及屏幕显示区，如图 2-4 所示。

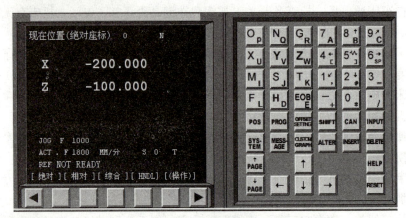

图 2-4　FANUC 0i 数控系统操作面板

1）地址/数字键（见图 2-5）

地址/数字键用于输入数据到输入区（也叫缓冲区）内，字母和数字键通过"SHIFT"键切换输入。

2）功能键（见图 2-6）

功能键位于数控系统操作面板右下方，主要负责程序编辑、坐标系和刀具补偿录入、参数的设定、警报的记录和图形确认等多项内容。下面我们依次逐一介绍。

图 2-5　地址/数字键

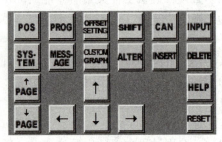

图 2-6　功能键

（1）主功能键。

① "POS"键：位置功能键，显示机床当前的位置。该键用以显示坐标位置屏幕，按下此键则显示位置屏幕。位置显示有三种方式：绝对坐标、相对坐标和综合坐标，其中综合坐标包括绝对坐标、相对坐标、机械坐标以及剩余进给等四项内容。

② "PROG"键：程序功能键，在 EDIT 方式下，编辑、显示存储器里的程序；在 MDI 方式下，输入、显示 MDI 数据；在机床自动操作时，显示程序指令。按下该键可以显示程序编辑页面，在此页面内可以进行编程或程序修改，当然还要配合其他键才能进行。

③ "OFFSET/SETTING"键：刀具补偿功能键，设定加工参数，结合扩展功能软键可进入设置页面，包括：刀具长度补偿、刀具半径补偿值设定页面；系统状态设定页面；系统显示与系统运行方式有关的参数设定页面；工件坐标系设定页面。按第一次进入坐标系设置页

面，按第二次进入刀具补偿参数页面，也可以按相对应的软键进行选择。

④"SYSTEM"键：系统参数设置功能键，用于参数的设定、显示及自诊断数据的显示。按下这一键可以显示系统参数屏幕，一般仅供维修人员使用，通常情况下禁止修改，以免出现设备故障。

⑤"MESSAGE"键：报警信息显示功能键，用于显示报警信号。按下该键可显示屏幕中的信息，如"报警"信息。

⑥"CUSTOM/GRAPH"键：图形功能键，用于刀具路径显示、坐标值显示以及刀具路径模拟有关参数设定。通过该键可以显示用户宏屏幕（宏程序屏幕）和图形显示屏幕。

（2）程序编辑键。

①"ALTER"键用于程序更改。按该键可用输入区中的数据替换光标所在的数据。

②"INSTER"键用于程序插入。按该键可以把输入区中的数据插入到当前光标之后的位置。

③"DELETE"键用于程序删除。按该键可删除一个程序或者删除全部程序或者删除光标所在的数据。

④"INPUT"键用于程序输入。当按下一个字母键或数字键时，数据被输入到缓冲区，并且显示在屏幕上。再按该键数据被输入到寄存器，此键和软键上的"输入"键是等效的。

⑤"CAN"键用于程序取消。消除输入区内的数据，如当键入"G54 G90 G00 X100.09;"后，按下取消键，数字9就被删除并显示"G54 G90 G00 X100.0;"的形式。

⑥"SHIFT"键用于换挡。在键盘上的某些键具有两个功能，按下该键可以在这两功能之间进行切换。利用该键也可以进行同一键上两字母间的切换，例如，当直接按"O_P"键时，在CRT屏幕上将显示字母O；如果先按"SHIFT"键再按"O_P"键，则在CRT屏幕上将显示字母P。同样的方法也可以切换数字键中的数字和字母，如9与C等。

⑦"EOB"键用于分号输入。在编程时按该键会在屏幕上出现";"来进行换行。该键与"DELETE"键合用，可以将一行内容删掉。

（3）"PAGE"翻页键。

①"PAGE↑"键用于将屏幕显示的页面往前翻页。

②"PAGE↓"键用于将屏幕显示的页面往后翻页。

（4）"RESET"复位键。

按下该键具备以下功能：可以CNC复位（光标返回到程序首端）；取消机床报警；使机床自动中断，停止运行；MDI模式下编辑的程序清除等。当机床自动运行时，按此键，则机床所有操作都停下来。此状态下若恢复自动运行，则刀架要返回参考点，程序从头执行。

（5）"HELP"帮助键。

它提供对MDI键操作方法的帮助信息。如对操作面板不熟悉或不明白时，按下该键可以获得帮助。

（6）光标移动键。

①"→"键用于将光标向右或者向前移动。

②"←"键用于将光标向左或者往回移动。

③"↑"键用于将光标向上或者往回移动。

④ "↓"键用于将光标向下或者向前移动。

3）屏幕显示区（见图2-7）。

屏幕显示区位于数控系统操作面板左侧，包括CRT显示屏和操作软键两部分。

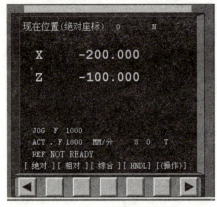

图2-7　屏幕显示区

CRT显示屏位于屏幕显示区上方，主要用于菜单、系统状态、故障报警等的显示和加工轨迹的图形仿真。数控系统所处的状态和操作命令不同，显示的信息也就不同。

操作软键位于屏幕的底端，在不同的画面下，软键有不同的功能。按下某一功能键，属于所选功能的一组软键就会出现。要显示一个更详细的画面时，可以在按下功能键后按软键。最左侧带有向左箭头的软键为菜单返回键，最右侧带有向右箭头的软键为菜单继续键。根据不同的画面，软键有不同的功能，软键的功能显示在屏幕的底端。按下面板上的功能键之后，属于所选功能的详细内容就立刻显示出来，如图2-7中"[绝对]、[相对]、[综合]、[HNDL]、[（操作）]"所对应的软键依次位于屏幕的底端。按下所选的软键，则所选内容就会显示出来。如果有关的一个目标内容在屏幕上没有显示出来，可按下菜单"继续"键进行查找；当所需的目标内容显示出来后，按下"[（操作）]"所对应的软键，就可以显示要操作的菜单；如要重新显示前面内容，则按下菜单返回键即可。后面所介绍的软键有的机床未汉化，且不是完整的英文单词，操作人员应当注意，真正理解后，再具体操作使用各功能键。

2. 机床操作面板

机床操作面板（Machine Control panel，MCP）用于直接控制机床的动作和加工过程，例如自动、编辑、MDI、手动等各种模式状态以及电源开关等。机床操作面板主要由操作模式开关、主轴转速倍率调节旋钮、进给速度调节旋钮、各种辅助功能选择开关、手轮、各种指示灯等组成。各按钮、旋钮、开关的位置及结构由机床厂家自行设计制作，因此，各机床厂家生产的机床操作面板各不相同，但其基本功能是相同的。下面以沈阳机床厂生产的CK6140数控车床为例，介绍数控车床的机床操作面板，如图2-8所示。

图2-8　沈阳机床厂生产的CK6140数控车床机床操作面板

机床操作面板上安装有各种按键，我们只有正确掌握其功能，才能合理操作机床。下面详细对各种功能键加以说明，如图 2-9 所示。

图 2-9　机床操作面板按钮（局部）

（1）进给倍率旋钮，在自动运行中，选择程序中进给量的倍率，倍率值为 0～150%，每格为 10%。在实际加工中，根据加工的情况，可快速调节进给速度，以达到满意的效果。

（2）手轮也称为手摇脉冲发生器，用于手轮进给。其具体功能如下：

① 手轮模式下控制机床移动。

② 手轮逆时针旋转，机床向负方向移动；手轮顺时针旋转，机床向正方向移动。

③ 手轮每旋转刻度盘上的一格，机床根据所选择的移动倍率移动一个单位。随着手轮不断旋转机床，根据所选择的移动倍率进行连续移动（移动的最小单位为 0.1 mm、0.01 mm、0.001 mm 等三个挡位）。

（3）紧急停止按钮，使机床紧急停止。按下急停按钮后，机床立即停止运动。

（4）开机按钮用来开启数控系统。

（5）关机按钮用来关闭数控系统。

（6）模式选择按钮，用于选择数控系统的运行模式，从左向右依次为编辑（EDIT）、手动数据输入（MDI）、自动（AUTO）、手动连续进给（JOG）、手轮进给（HNDLE）和返回参考点六种模式。按下其中的一个键，数控系统将进入相应的运行模式，该键左上角指示灯亮。

① 编辑模式，在编辑模式下可以对程序进行操作。

② MDI 模式，又称为手动数据输入模式，在此模式下，可以在输入单段的命令或几段命令后，立即按下循环启动按钮使机床动作，以满足工作需要。

③ 自动模式，所有工作都准备好之后，若要进行零件加工，就需要选择自动加工模式。

④ JOG 模式，又称为手动模式，可以实现手动连续进给运动。

⑤ 手摇模式，又称为手轮模式，可以使用手轮来移动机床的各轴运动。在此模式下可以精确调节机床移动量。

⑥ 返回参考点模式，用手动连续进给方式，返回机床参考点。

（7）返回参考点坐标轴选择按钮，用于选择返回参考点时的坐标轴。

（8）快速进给按钮，用于手动连续进给时，刀具的快速进给。

（9）进给方向选择按钮，用于选择手动连续进给时，刀具的进给方向。

（10）手轮进给倍率按钮，用于选择手轮进给时，每个刻度的移动量。按下所选的倍率键后，该键左上角指示灯亮。

（11）手轮进给轴选择按钮▣▣，用于选择手轮进给时的进给轴。

（12）操作选择按钮▣▣▣▣▣，按下其中的一个键，数控系统将进入相应的操作方式，该键左上角指示灯亮。从左向右依次为：

① 机床锁住按钮，选择是否锁住机床的进给轴。

② 空运行按钮，用于检验程序时，机床空运行。

③ 跳过程序段按钮，用于跳过程序中带有"/"的程序段。

④ 单程序段按钮，在自动运行方式下，使程序一段一段地执行。

⑤ 进给保持按钮，在自动运行中，停止执行程序，按循环启动按钮可以恢复自动运行。

⑥ 循环启动按钮，用于自动运行的启动，在自动运行和 MDI 运行中均会用到。

（13）主轴速度控制按钮▣▣，在自动或 MDI 方式下，当 S 代码的主轴速度偏高或偏低时，可用该按钮控制主轴转速的升降。

（14）主轴旋转按钮▣▣▣，分别用于选择主轴正转、主轴反转和主轴停止。

（15）其他按钮：

① 超程解除按钮▣，机床超程报警时，用于解除机床超程。

② 冷却液控制按钮▣，手动操作时，用于控制冷却液的开关。

③ 手动换刀按钮▣，用于手动方式换刀，每按一次该按钮刀架旋转一个工位。

2.2.3　数控车床仿真加工

数控加工仿真是采用计算机图形学的手段对加工进给和零件切削过程进行模拟，具有快速、逼真和成本低等优点。它采用可视化技术，通过仿真和建模软件，模拟实际的加工过程，在计算机屏幕上将铣、车、钻、镗等加工工艺的加工路线描绘出来，并能提供错误信息反馈，使工程制造人员能预先看到制造过程，及时发现生产过程中的不足，有效预测数控加工过程和切削过程的可靠性及高效性，还可以对一些意外情况进行控制。数控加工仿真代替了试切等传统的进给轨迹检验方法，大大提高了数控机床的有效工时和使用寿命，因此在制造业得到了越来越广泛的应用。下面以一个典型零件为例，介绍上海宇龙软件有限公司的"数控加工仿真系统"数控车床仿真软件的操作过程。

如图 2-10 所示的零件，材料为 45 钢，毛坯为 $\phi 45 \text{ mm} \times 105 \text{ mm}$，$\phi 45 \text{ mm}$ 外圆和 105 mm 长度已经加工到尺寸。要求分析工艺过程与工艺路线，编写加工程序，并完成仿真加工。

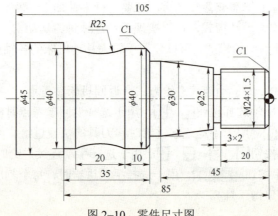

图 2-10　零件尺寸图

按基准重合原则,将工件坐标系原点设在零件右端面与回转轴线的交点上(见图2-10),并设定换刀点相对工件坐标系原点的坐标位置为(100,50)。

根据零件图的加工要求,需要加工零件的圆柱面、圆锥面、圆弧面、螺纹、倒角及螺纹退刀槽,共需要以下三把刀具:

1号刀具:外圆左偏刀,选择刀尖半径为0、刀具长度为60 mm的V形刀片。

2号刀具:车槽刀,要求刀片宽度为3 mm,车槽深度为8 mm,刀具长度为60 mm。

3号刀具:米制螺纹刀,要求刀尖角度为60°,刀尖半径为0,刀具长度为60 mm。

ϕ45 mm外圆面已经加工到尺寸,可以直接装夹在三爪自定心卡盘上。使用1号外圆左偏刀,先用G73循环指令粗加工外形轮廓,再用G70指令精加工零件外形轮廓,粗加工时留0.5 mm的精车余量;使用2号车槽刀加工螺纹退刀槽,然后用3号螺纹刀加工出螺纹。

根据45钢的切削性能,粗、精加工外圆面时,主轴转速为800 r/min,粗加工进给量为0.2 mm/r,精加工进给量为0.1 mm/r;切槽时,主轴转速为300 r/min,进给量为0.08 mm/r;车螺纹时,主轴转速为300 r/min。

根据工件的外形加工特征,采用复合循环指令G73编写加工程序,将程序先在记事本中输入,保存文件并命名为"201.txt",以便操作时调用程序。

上述工作完成后,按照以下步骤进行仿真操作的加工:启动仿真软件,选择机床,机床回零,安装工件,输入程序,选择刀具,对刀,轨迹检查,自动加工。

1. 启动仿真软件

打开"开始"菜单,在"程序/数控仿真系统"中选择"数控加工仿真系统",系统弹出"用户登录"界面,如图2-11所示。单击"快速登录"按钮即可进入"数控加工仿真系统"。

图2-11 登录数控仿真软件界面

2. 选择机床

打开菜单"机床/选择机床"或者单击工具栏上的"选择机床"图标,弹出"选择机床"对话框,如图2-12所示。在该对话框中选择控制系统为FANUC系统的FANUC 0I系列,机床类型选择"沈阳机床厂"的数控车床,按"确定"按钮,此时界面如图2-13所示。

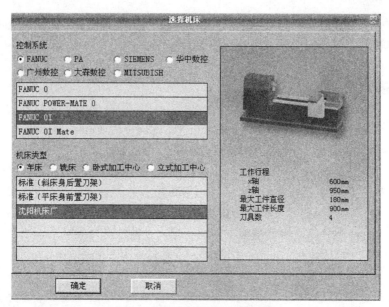

图 2-12 "选择机床"对话框

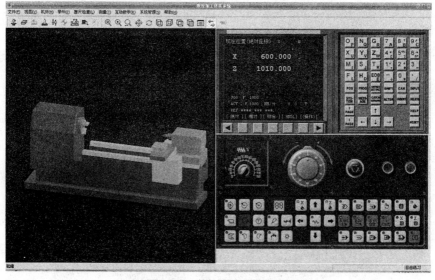

图 2-13 数控车床仿真界面

3. 激活机床

单击"启动"按钮使机床通电,电源指示灯亮,单击"急停"按钮将其松开。

4. 机床回零

机床在开机后通常需要先回参考点,这在数控操作中通常称为"回零"。

(1)单击回零按钮,按钮左上角的指示灯亮,使系统处于回零操作模式,此时屏幕下方显示"REF"。

(2)打开菜单"视图/俯视图"或单击工具栏上的俯视图按钮,使机床呈俯视图状况,以便于观察。

(3)单击操作面板上的 X 轴回零按钮,使 X 轴方向回零;再单击 Z 轴回零按钮,使 Z 方向回零。些时，X 轴、Z 轴将自动回到车床的参考点。

（4）返回到参考点后，CRT 显示屏的显示如图 2-14 所示。

注意：数控车床回零时，一般 X 轴先回零，然后 Z 轴再回零。

5. 安装工件

（1）打开菜单"零件/定义毛坯"或在工具栏单击"定义毛坯"按钮，在"定义毛坯"对话框（见图 2-15）中将零件尺寸改为 $\phi 45\ \text{mm} \times 105\ \text{mm}$，并命名为"车床零件"，然后单击"确定"按钮。

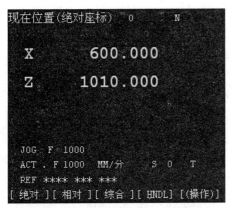
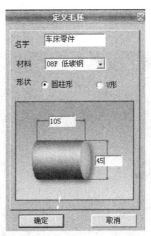

图 2-14　数控车床回零后的 CRT 界面　　　图 2-15　"定义毛坯"对话框

（2）打开菜单"零件/放置零件"或者在工具栏单击"放置零件"图标，打开"选择零件"对话框，如图 2-16 所示。选取名称为"车床零件"的毛坯，按"安装零件"按钮，此时界面上出现一个小键盘（见图 2-17），通过按动小键盘上的方向按钮，使工件伸出足够长度，单击"退出"按钮，零件已经被安装在卡盘上，如图 2-18 所示。

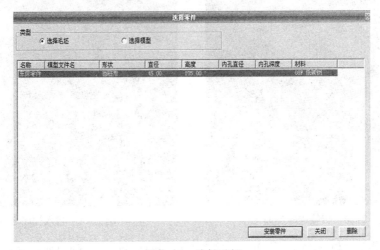

图 2-16　选择毛坯

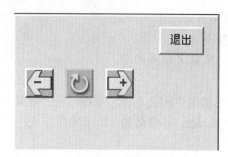
图 2-17　移动零件

图 2-18　安装零件

6. 输入程序

数控程序可以通过记事本或写字板等编辑软件输入并保存为文本格式文件，也可以直接用 MDI 键盘输入。此处用导入程序的方法来调用所保存的程序文件"201.txt"。操作方法如下：

（1）单击操作面板的编辑键进入编辑模式，此时屏幕下方显示编辑模式"DEIT"，然后单击 MDI 键盘上的"PROG"键，CRT 界面转入编辑页面，如图 2-19 所示。

（2）按软键"[（操作)]"，在出现的下级子菜单中按菜单继续键"[＞]"，然后按软键"[READ]"，转入如图 2-20 所示界面。

图 2-19　程序编辑界面

（3）单击 MDI 键盘上的数字/字母键，输入"O 0201"，按软键"[EXEC]"，此时 CRT 界面如图 2-21 所示。

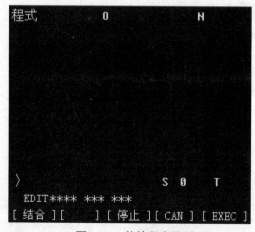
图 2-20　传输程序界面

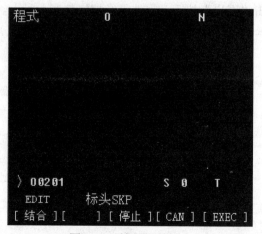
图 2-21　输入程序名

（4）打开菜单"机床/DNC 传送"或单击 DNC 传送图标，在弹出的对话框中选择所需的 NC 程序，如图 2-22 所示。按"打开"确认，则数控程序被导入并显示在 CRT 界面上，如图 2-23 所示。

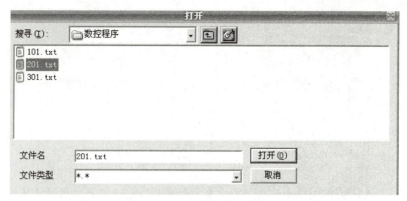

图 2-22 选择传输程序

7. 选择刀具

加工零件的外圆、槽和螺纹时要使用 3 把刀具：外圆车刀、切槽车刀和螺纹车刀。

（1）打开菜单"机床/选择刀具"或者在工具栏上单击"选择刀具"图标，打开"刀具选择"对话框。1 号刀具选择外圆刀，把刀尖圆弧半径修改为 0，如图 2-24 所示。

（2）选择 2 号刀具为 3 mm 的车槽刀，3 号刀具为 60°外螺纹刀，如图 2-25 和图 2-26 所示。

（3）选择完刀具后，单击"确定"按钮，则刀具被安装在刀架上。

图 2-23 程序

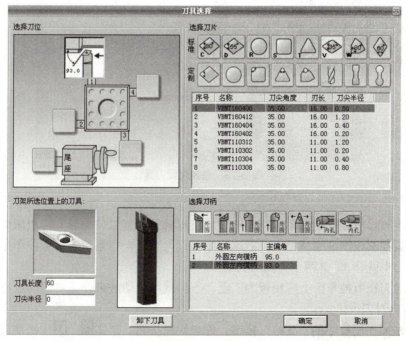

图 2-24 选择外圆刀具

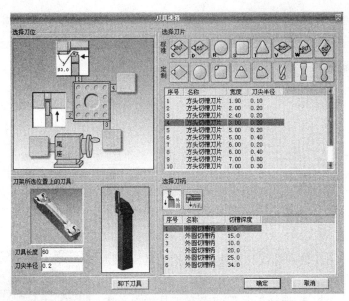

图 2-25 选择切槽刀具

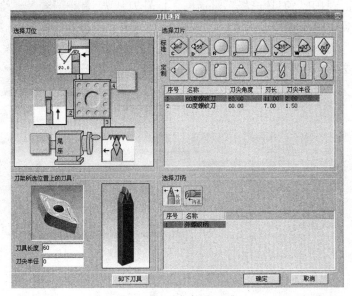

图 2-26 选择螺纹刀具

8. 对刀

数控程序一般按工件坐标系编程，对刀的过程就是建立工件坐标系与机床坐标系之间关系的过程。数控车床常见的是将工件右端面中心设为工件坐标系原点。数控车床有两个坐标轴，因此对刀也就分 X、Z 两个方向对刀。

试切法对刀在数控车床上应用极为广泛，下面就用试切法来介绍对刀的过程。

1）X 方向对刀

（1）单击操作面板中的"JOG"按钮，配合快速按钮，单击 ■、■ 按钮使刀具快速地移动到毛坯附近，同时配合"视图"按钮调整机床的显示。

（2）单击操作面板上的"主轴正转"按钮，使主轴转动，试车一段外圆，如图 2-27 所示。

(3) 单击 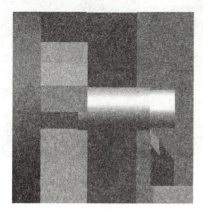 按钮,使刀具沿 Z 轴方向退出,单击"主轴停止"按钮使主轴停止转动,如图 2–28 所示。此时 CRT 界面上显示的机床 X 坐标 $X_1=252.067$。如图 2–29 所示。

图 2–27　车削外圆

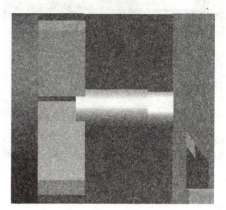

图 2–28　Z 向退刀

(4) 打开菜单,选择"测量/剖面图测量",系统弹出"车床工件测量"对话框,如图 2–30 所示。单击试切外圆时所车的线段,选中的线段由红色变为黄色,此时在下方将有一行数据变成蓝色,该行数据表示所切外圆的尺寸值。记下对应的外圆直径值 $X_2=40.701$,单击"退出"按钮退出测量。

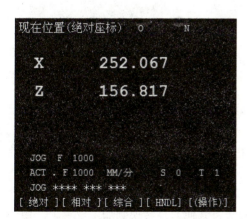

图 2–29　车削外圆 Z 向退刀后屏幕显示

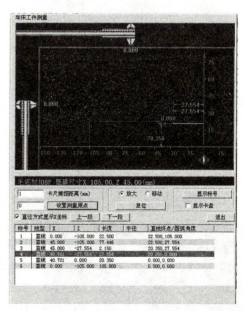

图 2–30　工件测量

(5) 单击 MDI 键盘上的"OFFSET"按钮,按软键"[形状]"进入刀具形状补偿设定界面,用方位键"↑""↓"选择所需的番号 01,如图 2–31 所示。

(6) 用 MDI 键盘输入"X"(X_2),单击软件"[测量]",则 1 号刀具 X 方向的刀补(刀补的结果实际就是 X_1-X_2 的值)自动计算出来,并保存在番号 01 的"X"中,如图 2–32 所示,X 方向对刀结束。

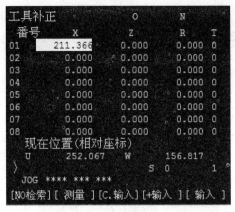

图 2-31 刀具补偿界面　　　　　图 2-32 X 刀补值

2）Z 方向对刀

（1）单击操作面板上的"主轴正转"按钮，使主轴转动，试切工件端面，如图 2-33 所示。

（2）单击 按钮，使刀具沿 X 轴方向退出，单击"主轴停止"按钮使主轴停止转动，如图 2-34 所示。

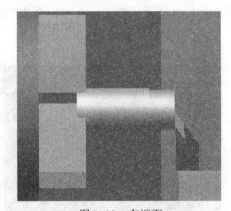
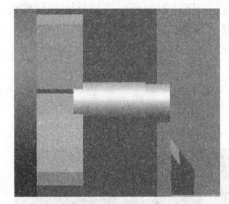

图 2-33 车端面　　　　　图 2-34 X 向退刀

（3）在刀具补偿窗口中将光标移到番号 01 处，输入"Z0"，单击软键"[测量]"，则 1 号刀具 Z 方向的刀补自动计算出来，并保存在番号 01 的"Z"中，如图 2-35 所示，Z 方向对刀结束。

3）完成全部对刀操作

当刀架上装有多把刀具时（见图 2-36），可用 MDI 换刀法将其他刀具转换到加工位置上。用 MDI 换刀的操作方法如下：

（1）按下 MDI 键，进入 MDI 操作方式，屏幕左下方显示"MDI"状态。

（2）按"PROG"键，用 MDI 键盘输入"T0202"，按"INSERT"键，将输入域中的内容输到指定区域，如图 2-37 所示。

图 2-35 Z 刀补值

（3）按循环启动按钮，刀架动作，将2号刀具换到工作位置上，如图2-38所示。

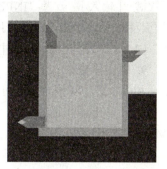

图2-36　换刀前　　　　　图2-37　MDI界面　　　　　图2-38　换刀

用MDI换刀方法把2号车槽刀换到加工位置，重复X方向对刀、Z方向对刀步骤，将2号刀具的刀补值输入番号02中。

用MDI换刀方法把3号螺纹刀换到加工位置，重复X方向对刀、Z方向对刀步骤，把3号刀具的刀补值输入番号03号中。此时，三把刀具全部对好，如图2-39所示。

说明：对刀过程中，试切削的背吃刀量不一样，显示的X数值也不一样，但最终的结果应该是一致的。

4）调整刀补参数

在加工过程中刀具有磨损或者工件有让刀现象时，可以通过修改刀具补偿值来解决这一问题。下面以1号刀具为例来说明刀具补偿修改的方法。

图2-39　刀补值

（1）单击MDI键盘上的"OFFSET"按钮，按软键"[磨耗]"进入刀具磨耗补偿设定界面，用方位键"↑""↓"选择所需的番号01，如图2-40所示。

（2）用MDI键盘输入X方向的磨耗值，如"-0.03"，单击软键"[输入]"或者"INPUT"键，则1号刀具X方向的刀具磨耗值就输入到"X"位置上，如图2-41所示。

图2-40　刀具磨损补偿　　　　　图2-41　X刀具磨损补偿

（3）用方位键"→"将光标移动到"Z"的位置，输入 Z 方向的磨耗值，如"–0.02"，单击软键"［输入］"或者"INPUT"键，则 1 号刀具 Z 方向的刀具磨耗值就输入到"Z"的位置上。程序在调用 1 号刀具刀补时，将自动把形状补偿和磨耗补偿相加后调用。

（4）2 号刀具在番号 02 中修改，3 号刀具在番号 03 中修改。

9. 轨迹检查

利用轨迹仿真检查功能可以检验数控程序的运行轨迹是否正确及合理。操作过程如下：

（1）单击操作面板上的自动按钮，转入自动加工模式，此时屏幕下方显示自动模式"MEM"。

（2）单击"CUSTOM/GRAPH"按钮，进入检查运行轨迹模式，此时机床显示区转换为轨迹显示。

（3）单击操作面板上的循环启动按钮，即可观察到数控程序的运行轨迹。如图 2–42 所示，实线（软件中为红线）代表刀具快速移动的轨迹，虚线（软件中为绿线）代表刀具切削的轨迹。此时可通过"视图"菜单中的动态旋转、动态缩放和动态平移等方式对三维运行轨迹进行全方位的观察。

（4）检查运行轨迹后，再次单击"CUSTOM/GRAPH"按钮，退出轨迹仿真检查模式，机床重新显示在界面内。

10. 自动加工

所有工作都准备好之后，要进行零件的自动加工。

（1）单击操作面板上的自动按钮，转换到自动加工模式，此时屏幕左下方显示自动模式"MEM"。

（2）单击操作面板上的循环启动按钮，执行程序，机床就开始自动加工了，加工完毕后会出现如图 2–43 所示的结果。

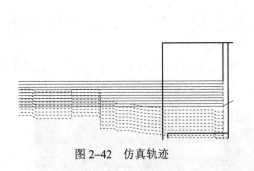

图 2–42　仿真轨迹

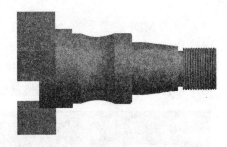

图 2–43　加工结果

2.3　实训内容

（1）到实习工厂或数控加工实训室进行实训，了解数控车床的结构特点及其分类，掌握数控车床操作面板上各开关、按钮的功能。

（2）到数控仿真实训室，用上海宇龙仿真软件进行仿真软件的安装、启动训练；熟悉软件的界面及功能菜单；进行机床选择、程序输入、程序编辑（利用本书其他项目中的程序实例)以及数控车床的回零、安装工件、选择刀具、对刀等基本操作训练;随着课程的进展,对本书有关数控车床项目中的各种指令进行数控仿真模拟训练。

2.4 自 测 题

1. 选择题(请将正确答案的序号填写在括号中)

(1) 在 CRT/MDI 面板功能键中,用于刀具偏置设置的键是( )。
A. "POS"　　　　　B. "OFSET"　　　　C. "PRGRM"　　　　D. "CAN"

(2) 数控车床开机第一步总是先使机床返回参考点,其目的是建立( )。
A. 工件坐标系　　　B. 机床坐标系　　　C. 编程坐标系　　　D. 工件基准

(3) 数控车床操作面板上用于程序字更改的键是( )。
A. "ALTER"　　　　B. "INSRT"　　　　C. "DELET"　　　　D. "EOB"

(4) 数控车床没有返回参考点,如果按下快速进给键,通常会出现( )情况。
A. 不进给　　　　　B. 快速进给　　　　C. 手动连续进给　　D. 机床报警

(5) 下列按钮或开关中,与单程序段按钮可进行复选的是( )。
A. "AOTU"　　　　　B. "EDIT"　　　　　C. "JOG"　　　　　D. "HANDLE"

(6) 在"机床锁定"(FEED HOLD)方式下,进行自动运行,( )功能被锁定。
A. 进给　　　　　　B. 刀架转位　　　　C. 主轴　　　　　　D. 冷却

2. 判断题(请将判断结果填入括号中,正确的填"√",错误的填"×")

(1) 在任何情况下,程序段前加"/"符号的程序段都将被跳过执行。　　　　　(　　)

(2) 在自动加工的空运行状态下,刀具的移动速度与程序中指令的进给速度无关。
(　　)

(3) 通常情况下,手摇脉冲发生器顺时针转动为刀具进给的正方向,逆时针转动为刀具进给的负方向。　　　　　　　　　　　　　　　　　　　　　　　(　　)

(4) 手摇进给的进给速度可通过进给速度倍率旋钮进行调节,调节范围为 0~150%。
(　　)

(5) 只有在 MDI 或 EDIT 模式下,才能进行程序的输入操作。　　　　　　(　　)

(6) 在 EDIT 模式下,按下"RESET"键即可使光标跳到程序开头。　　　　(　　)

(7) 数控车床的空运行主要用于检查刀具轨迹的正确性。　　　　　　　　(　　)

(8) 数控车床在手动返回参考点的过程中,先执行 Z 轴回参考点,再执行 X 轴回参考点较为合适。　　　　　　　　　　　　　　　　　　　　　　　　　(　　)

3. 简答题

(1) 简述数控车床的分类。

(2) 简述数控车床仿真操作的对刀过程。

项目 3　数控车床加工工艺、刀具与原点设置

3.1　技能解析

（1）掌握数控车床的工件装夹与刀具选择。
（2）掌握数控车床典型零件的车削工艺分析特点，并能够正确地对零件进行数控车削工艺分析。
（3）了解数控车床对刀及设置工件零点的方法，掌握数控车床刀具偏置的设定。

3.2　相关知识

3.2.1　数控车床的工件装夹与刀具选择

1. 数控车床的工件装夹

机床夹具是指安装在机床上，用以装夹工件或引导刀具，使工件和刀具具有正确的相互位置关系的装置。在数控车床上用于装夹工件的装置称为数控车床夹具。车床夹具可分为通用夹具和专用夹具两大类。通用夹具是指能够装夹两种或两种以上工件的夹具，例如车床的三爪卡盘、四爪卡盘、弹簧夹头和通用心轴等；专用夹具是指专门为加工某一特定工件的某一工序而设计的夹具。

数控车床多采用三爪自定心卡盘夹持工件。由于数控车床主轴转速极高，为便于工件夹紧，多采用液压高速动力卡盘，通过调整油缸压力可改变卡盘夹紧力，以满足夹持各种薄壁和易变形工件的特殊需要。液压高速动力卡盘具有高转速（极限转速可达 4 000~6 000 r/min）、高夹紧力（最大推拉力为 2 000~8 000 N）、高精度、调爪方便和使用寿命长等优点。

另外三爪卡盘上还可使用软爪夹持工件，软爪在使用前可进行自镗加工，软爪弧面由操作者随机配制，保证卡爪中心与主轴中心同轴，从而获得理想的夹持精度。

2. 数控车床的刀具选择

与普通机床加工方法相比，数控加工对刀具提出了更高的要求，不仅需要刚性好、精度高，而且要求尺寸稳定、耐用度高、断屑和排屑性能好；同时要求安装调整方便，以满足数控机床高效率的要求。数控车床刀具种类繁多，功能互不相同。根据不同的加工条件正确选择刀具是编制程序的重要环节，因此必须对车刀的种类及特点有一个基本的了解。

1）根据加工用途分类

车床主要用于回转表面的加工，如内（外）圆柱面、圆锥面、圆弧面、螺纹、切槽等切

削加工。因此，数控车床使用的刀具可分为外圆车刀、内孔车刀、螺纹车刀和切槽刀等。图 3-1 所示为常用车刀的种类、形状和用途。

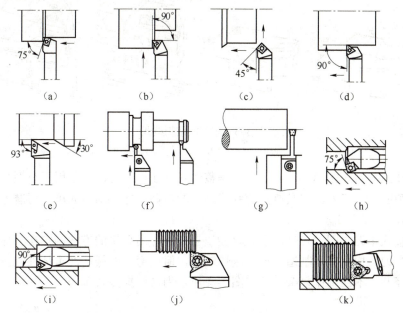

图 3-1 常用车刀的种类、形状和用途

(a) 75°偏头外圆车刀；(b) 90°偏头端面车刀；(c) 45°偏头外圆车刀；(d) 90°偏头外圆车刀；(e) 93°偏头仿形车刀；(f) 切槽刀；(g) 切断刀；(h) 75°内孔车刀；(i) 90°内孔车刀；(j) 外螺纹车刀；(k) 内螺纹车刀

2）根据刀尖形状分类

数控车削常用的车刀按照刀尖的形状一般可分为三类，即尖形车刀、圆弧形车刀和成形车刀，如图 3-2 所示。

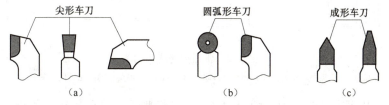

图 3-2 按刀尖形状分类的数控车刀

（1）尖形车刀主要用于车削内外轮廓、直线沟槽等直线形表面。

（2）圆弧形车刀可以用于车削内、外表面，特别适宜于车削各种光滑连接（凹形）的成形面。如精度要求高的内外圆弧面及尺寸要求高的内外圆锥面等。由尖形车刀自然或经修磨而成的车刀也属于这一类。

（3）常见的成形车刀有小半径圆弧车刀、非矩形切槽刀和螺纹车刀等。在数控车床上，除进行螺纹加工外，应尽量少用或不用成形车刀，当确有必要选用时，则应在工艺准备文件或加工程序单上进行详细说明。

3）根据车刀结构分类

数控车刀在结构上可分为整体式车刀、焊接式车刀和机械夹固（简称机夹）式车刀三类，其中机夹式车刀又分为机夹刀片可重磨式车刀和机夹刀片可转位式车刀两种,如图 3-3 所示。

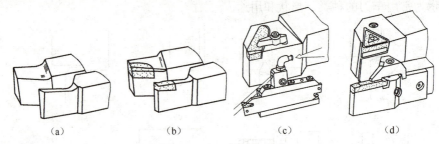

图 3-3　车刀的结构型式
(a) 整体式;(b) 焊接式;(c) 机夹刀片可重磨式;(d) 机夹刀片可转位式

(1) 整体式车刀 [图 3-3 (a)] 主要是整体式高速钢车刀,通常用于小型车刀、螺纹车刀和形状复杂的成形车刀。它具有抗弯强度高、冲击韧性好、制造简单、刃磨方便和刃口锋利等优点。

(2) 焊接式车刀 [图 3-3 (b)] 是将硬质合金刀片用焊接的方法固定在刀体上,经刃磨而成。这种车刀结构简单,制造方便,刚性较好,但抗弯强度低,冲击韧性差,切削刃不如高速钢车刀锋利,不易制作复杂刀具。图 3-4 所示为常用焊接式车刀。

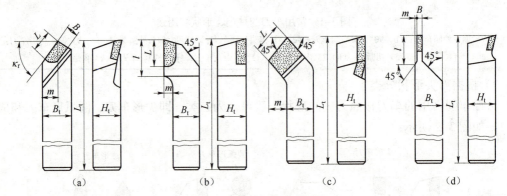

图 3-4　常用焊接式车刀
(a) 直头外圆车刀;(b) 90°偏头外圆车刀;(c) 45°偏头车刀;(d) 切断车刀

(3) 机夹刀片可重磨式车刀 [图 3-3 (c)] 是将普通的硬质合金刀片通过机械夹固方法安装在刀杆上的一种车刀,刀片用钝后可以修磨,修磨后,通过调节螺钉把刃口调整到适当位置,压紧后便可继续使用。图 3-5 所示为机夹刀片可重磨式切断车刀和内、外螺纹车刀。

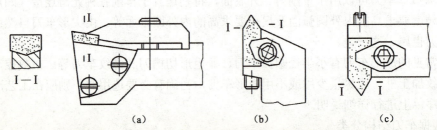

图 3-5　机夹刀片可重磨式切断车刀和内、外螺纹车刀
(a) 切断车刀;(b) 外螺纹车刀;(c) 内螺纹车刀

(4)机夹刀片可转位式车刀[图 3-3(d)]是将标准的硬质合金刀片通过机械夹固方法安装在刀杆上的一种车刀,其刀片为多边形,有多条切削刃,当某条切削刃磨损钝化后,只需松开夹固元件,将刀片旋转一个位置便可继续使用。其最大的优点是车刀的几何角度完全由刀片保证,切削性能稳定,刀杆和刀片已标准化,加工质量好,是当前数控车床上使用最广泛的一种车刀。

在数控车床的加工过程中,为了减少换刀时间和方便对刀,便于实现加工自动化,应尽量选用机夹可转位车刀。目前,70%~80%的自动化加工刀具已使用了机夹可转位车刀。

3. 数控车刀的刀具材料

常用的数控刀具材料有高速钢、硬质合金、涂层硬质合金、陶瓷、立方氮化硼、聚晶金刚石等。其中,高速钢、硬质合金和涂层硬质合金在数控车削刀具中应用较广。

在材料的硬度、耐磨性方面以金刚石为最高,立方氮化硼、陶瓷、硬质合金、高速钢依次降低;而从材料的韧性来看,则高速钢最高,硬质合金、陶瓷、立方氮化硼、金刚石依次降低。在数控车床中,目前采用最为广泛的刀具材料是涂层硬质合金。因为从经济性、适应性、多样性和工艺性等多方面,涂层硬质合金的综合效果都优于陶瓷、立方氮化硼和金刚石。

4. 机夹可转位刀片与刀片代码

1)机夹可转位刀片

在数控车床加工中应用最多的是硬质合金和涂层硬质合金刀片。机夹可转位刀片的具体形状已经标准化,且每一种形状均由一个相应的代码表示。常用的可转位车刀刀片形状及角度如图 3-6 所示。

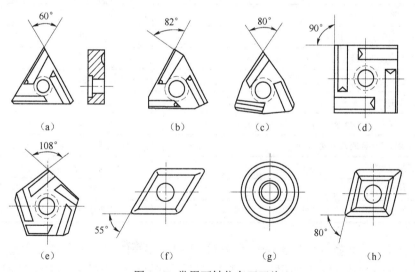

图 3-6 常用可转位车刀刀片

(a)T 型;(b)F 型;(c)W 型;(d)S 型;(e)P 型;(f)D 型;(g)R 型;(h)C 型

在选择刀片形状时要特别注意,有些刀片,虽然其形状和刀尖角度相等,但由于同时参加切削的切削刃数不同,因此其型号也不相同。

一般外圆车削常用 W 型、S 型和 C 型刀片;仿形加工常用 D 型、R 型刀片;90°主偏角车刀常用 T 型刀片。不同的刀片形状有不同的刀尖强度,一般刀尖越大,刀尖强度越大,反之亦然。R 型刀片刀尖最大。在选用时,应根据加工条件恶劣与否,按重、中、轻切削有针对性地选择。在机床刚度和功率允许的条件下,大余量、粗加工应选用较大刀尖角的刀片;反之,机床刚度和功率小,小余量、精加工时宜选用较小刀尖角的刀片。

2)机夹可转位刀片的代码

硬质合金可转位刀片的国家标准采用了 ISO 国际标准。产品型号的表示方法、品种规格、尺寸系列、制造公差以及测量方法等,都与 ISO 国际标准相同。为适应我国的国情,在国际标准规定的 9 个号位之后,加一短横线,再用一个字母和一位数字表示刀片断屑槽的形式和宽度。因此,我国可转位刀片的型号,共用 10 个号位的内容来表示主要参数的特征。按照规定,任何一个型号的刀片都必须用前 7 个号位,后 3 个号位在必要时才使用。但对于车刀刀片,第 10 号位属于标准要求标注的部分,不论有无第 8、9 两个号位,第 10 号位前都要加一短横线"-"与前面号位隔开,并且其字母不得使用第 8、9 号位已使用过的字母,若第 8、9 号位只使用其中一位,则写在第 8 号位上,中间不需要空格。

可转位刀片型号表示方法可用图 3-7 表达。

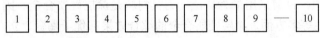

图 3-7 机夹可转位刀片型号表示方法

10 个号位所表示的内容如表 3-1 所示。

表 3-1 转位刀片 10 个号位表示的内容

号位	表 示 内 容	代表符号	备注
1	刀片形状及其夹角	一个英文字母	
2	刀片主切削刃法向后角	一个英文字母	
3	刀片内接圆直径 d 与厚度 S 的精度级别	一个英文字母	
4	刀片类型、固定方式及有无断屑槽	一个英文字母	
5	刀片主切削刃长度	两位数	具体含义应查有关标准
6	刀片厚度,主切削刃到刀片定位底面的距离	两位数	
7	刀尖圆角半径或刀尖转角形状	两位数或一个英文字母	
8	切削刃形状	一个英文字母	
9	刀片切削方向	一个英文字母	
10	制造商选择代号(断屑槽形及槽宽)	英文字母或数字	

一般情况下,第 8 号位和第 9 号位是当有要求时才填写的。第 10 号位则根据不同厂商而含义不同,例如 SANDVIK 公司用第 10 号位来表示断屑槽代号或代表设计有断屑槽等。

例如:TNUM160408ER-A2。

T 表示 60°三角形刀片;N 表示刀具法向主后角为 0°;U 表示刀片内接圆直径 d 为 6.35 mm 时,刀片转位尺寸公差为±0.013 mm,内接圆公差为±0.08 mm,厚度公差为±0.013 mm;M 表示圆柱孔夹紧,单面断屑槽;16 表示切削刃长 16 mm;04 表示刀片厚度为 4.76 mm;08 表示刀尖圆弧半径为 0.8 mm;E 表示刀刃倒圆;R 表示切削方向向右;A2 表示直沟卷屑槽,槽宽 2 mm。

5. 刀片常用参数的选择

1) 刀片后角的选择

常用的刀片后角有 N（0°）、C（7°）、P（11°）和 E（20°）等类型。一般粗加工、半精加工可用 N 型，半精加工、精加工可用 C、P 型。可用带断屑槽的 N 型刀片加工铸铁、硬钢和不锈钢，可用 C、P 型加工铝合金，可用 P、E 型加工弹性恢复性好的材料。一般孔加工刀片可选用 C、P 型，大尺寸孔可选用 N 型。

2) 刀片切削方向的选择

刀片切削方向有 R（右手）、L（左手）和 N（左右手）三种，要注意区分左、右刀的方向。选择时要考虑车床刀架是前置式还是后置式，前刀面是向上还是向下，以及主轴的旋转方向和进给方向等。

3) 刀尖圆弧半径的选择

刀尖圆弧半径不仅影响切削效率，而且关系到被加工表面的表面粗糙度及加工精度。从刀尖圆弧半径与最大进给量关系来看，最大进给量不应超过刀尖圆弧半径尺寸的 80%，否则将恶化切削条件，甚至出现螺纹状表面和打刀等问题。刀尖圆弧半径还与断屑的可靠性有关，为保证断屑，切削余量和进给量有一个最小值。当刀尖圆弧半径减小时，所得到的这两个最小值也相应减小。因此，从断屑可靠出发，通常对小余量、小进给车削加工采用小的刀尖圆弧半径，反之宜采用较大的刀尖圆弧半径。

3.2.2 典型车削零件的工艺分析

1. 数控车床的主要加工对象

数控车床是目前使用最广泛的数控机床之一。数控车床主要用于加工轴类、盘类等回转体零件。通过数控加工程序的运行，可自动完成内外圆柱面、圆锥面、成形表面和圆柱、圆锥螺纹以及端面等工序的切削加工，并能进行切槽、钻孔、扩孔、铰孔及镗孔等切削加工工作。

由于数控车床具有加工精度高、能进行直线和圆弧插补以及在加工过程中能自动变速的特点，因此数控车床加工的工艺范围较普通车床宽得多。数控车削中心可在一次装夹中完成更多的加工工序，提高了加工精度和生产效率，特别适合于复杂形状回转类零件的加工。

2. 数控车床切削用量的选择

切削用量选择是否合理，对于能否充分发挥机床潜力与刀具切削性能，实现优质、高产、低成本和安全操作具有很重要的作用。数控车削加工中的切削用量包括背吃刀量 a_p、主轴转速 n 或切削速度 v_c（用于恒线速度切削）、进给速度 v_f 或进给量 f。这些参数均应在机床给定的允许范围内选取。

1) 背吃刀量的确定

工件上已加工表面与待加工表面的垂直距离称为切削深度，又称为背吃刀量，即车刀进给时切入工件的深度（mm）。

粗加工时，除留下精加工余量外，一次走刀应尽可能切除全部余量。在工艺系统刚度和机床功率允许的情况下，应尽可能选取较大的背吃刀量，以减少进给次数。当零件精度要求较高时，则应考虑留出精车余量，其所留的精车余量一般比普通车削时所留余量小，常取 0.1～

0.5 mm。切削表面有硬皮的铸锻件时,应尽量使 a_p 大于硬皮层的厚度,以保护刀尖。

精加工的加工余量一般较小,可一次切除。

在中等功率机床上,粗加工的背吃刀量可达 8~10 mm;半精加工的背吃刀量取 0.5~5 mm;精加工的背吃刀量取 0.2~1.5 mm。

2)进给速度(进给量)的确定

单位时间内刀具与工件沿进给方向的相对位移量称为进给量(mm/r)。进给量 f 的选取应该与背吃刀量和主轴转速相适应。在保证工件加工质量的前提下,可以选择较高的进给速度(2 000 mm/min 以下)。在切断、车削深孔或精车时,应选择较低的进给速度。

粗车时,一般取 f=0.3~0.8 mm/r;精车时常取 f=0.1~0.3 mm/r;切断时常取 f=0.05~0.2 mm/r。

进给速度是数控车床切削用量中的重要参数,主要根据零件的加工精度和表面粗糙度要求以及刀具、工件的材料性质选取,最大进给速度受机床刚度和进给系统的性能限制。

粗加工时,由于对工件的表面质量没有太高的要求,这时主要根据机床进给机构的强度和刚性、刀杆的强度和刚性、刀具材料、刀杆和工件尺寸以及已选定的背吃刀量等因素来选取进给速度。

精加工时,则按表面粗糙度要求、刀具及工件材料等因素来选取进给速度。

进给速度 v_f 和进给量 f 可按以下公式进行转换:

$$v_f = f \times n$$

式中,v_f——进给速度,mm/min;

f——每转进给量,mm/r;

n——主轴转速,r/min。

3)切削速度的确定

切削速度是指切削时车刀切削刃上某一点相对于待加工表面在主运动方向上的瞬时速度,又称为线速度(m/min)。

切削速度 v_c 可根据已经选定的背吃刀量、进给量及刀具耐用度进行选取。实际加工过程中,也可根据生产实践经验和查表的方法来选取。

粗加工或工件材料的加工性能较差时,宜选用较低的切削速度。精加工或刀具材料、工件材料的切削性能较好时,宜选用较高的切削速度。

在实际生产中,切削用量一般根据经验并通过查表的方式进行选取。常用硬质合金或涂层硬质合金切削不同材料时切削用量的推荐值见表 3–2 和表 3–3。

表 3–2 硬质合金刀具切削用量推荐值

刀具材料	工件材料	粗 加 工			精 加 工		
		切削速度 /(m·min⁻¹)	进给量 /(mm·r⁻¹)	背吃刀量/mm	切削速度 /(m·min⁻¹)	进给量 /(mm·r⁻¹)	背吃刀量/mm
硬质合金或涂层硬质合金	碳钢	220	0.2	3	260	0.1	0.4
	低合金钢	180	0.2 0.2	3 3	220 220	0.1 0.1	0.4
	高合金钢	120	0.2	3	160	0.1	0.4

续表

刀具材料	工件材料	粗加工			精加工		
		切削速度/(m·min⁻¹)	进给量/(mm·r⁻¹)	背吃刀量/mm	切削速度/(m·min⁻¹)	进给量/(mm·r⁻¹)	背吃刀量/mm
硬质合金或涂层硬质合金	铸铁	80	0.2 0.2	3 3	140 140	0.1 0.1	0.4
	不锈钢	80	0.2	2	120	0.1	0.4
	钛合金	40	0.3 0.2	1.5 1.5	60 60	0.1 0.1	0.4
	灰铸铁	120	0.3 0.3	2 2	150 150	0.15 0.15	0.5
	球墨铸铁	100	0.2 0.3	2	120 120	0.15 0.15	0.5
	铝合金	1 600	0.2	1.5	1 600	0.1	0.5

表 3–3 常用切削用量推荐值

工件材料	加工内容	背吃刀量/mm	切削速度/(m·min⁻¹)	进给量/(mm·r⁻¹)	刀具材料
碳素钢 σ_b>600 MPa	粗加工	5~7	60~80	0.2~0.4	YT 类
	粗加工	2~3	80~120	0.2~0.4	
	精加工	2~6	120~150	0.1~0.2	
碳素钢 σ_b>600 MPa	钻中心孔		50~800 r/min		W18Cr4V
	钻孔		25~30	0.1~0.2	
	切断（宽度<5 mm）		70~110	0.1~0.2	YT 类
铸铁 硬度<200 HBS	粗加工		50~70	0.2~0.4	YG 类
	精加工		70~100	0.1~0.2	
	切断（宽度<5 mm）		50~70	0.1~0.2	

车外圆时主轴转速应根据零件上被加工部位的直径，并按零件和刀具的材料及加工性质等条件所允许的切削速度来确定。切削速度除了计算和查表选取外，还可根据实践经验确定，需要注意的是交流变频调速数控车床低速输出力矩小，因而切削速度不能太低。根据切削速度可以计算出主轴转速。

切削速度确定后，可根据下面公式确定主轴转速：

$$n = \frac{1000v_c}{\pi d}$$

式中，n——主轴转速，r/min；

v_c——切削速度，m/min；

d——零件待加工表面直径，mm。

3. 数控车削加工工艺的制定

制定工艺是数控车削加工的前期工艺准备工作。工艺制定得合理与否，对程序编制、机床的加工效率和加工精度都有很大的影响。

1）零件图工艺分析

零件图工艺分析主要包括零件结构工艺性分析、轮廓几何要素分析和精度及技术要求分析。

零件的结构工艺性是指零件对加工方法的适应性，即所设计的零件结构应便于加工成形。在数控车床上加工零件时，应根据数控车削的特点，认真审视零件结构的合理性。

轮廓几何要素分析是指手工编程时，计算每个基点坐标；自动编程时，对构成零件轮廓的所有几何元素进行定义。因此，在分析零件图时，要分析几何元素的给定条件是否充分。

精度及技术要求分析的主要内容有：

（1）分析精度及各项技术要求是否齐全、合理；

（2）分析本工序的数控车削加工精度能否达到图样要求，若达不到，需采取其他措施（如磨削）弥补的话，则应给后续工序留有余量；

（3）找出图样上有位置精度要求的表面，这些表面应尽量在一次安装下完成；

（4）对表面粗糙度值要求较小的表面，应采用恒线速度切削。

2）工序划分的方法

在数控车床上加工零件，应按工序集中的原则划分工序，在一次装夹下尽可能完成大部分甚至全部表面的加工。在批量生产中，常用下列方法划分工序。

（1）按零件加工表面划分工序。按零件加工表面划分工序，即以完成相同型面的那一部分工艺过程为一道工序，对于加工表面多而复杂的零件，可按其结构特点（如内形、外形、曲面和平面等）划分成多道工序。

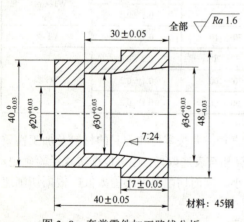

图 3-8 套类零件加工路线分析

将位置精度要求较高的表面在一次装夹下完成，以免多次定位夹紧产生的误差影响位置精度。如图 3-8 所示的工件，按照零件的工艺特点，将外轮廓和内轮廓的粗、精加工各放在一道工序内完成，减少了装夹次数，有利于保证同轴度。

（2）按粗、精加工划分工序。按粗、精加工划分工序，即粗加工中完成的那部分工艺过程为一道工序，精加工中完成的那一部分工艺过程为一道工序。对毛坯余量较大和加工精度要求较高的零件，应将粗车和精车分开，划分成两道或更多的工序。将粗车安排在精度较低、功率较大的数控机床上进行，将精车安排在精度较高的数控机床上完成。

这种划分方法适用于加工后变形较大，需粗、精加工分开的零件，例如毛坯为铸件、焊接件或锻件的零件。

（3）按所用的刀具种类划分工序。按所用的刀具种类划分工序，即以同一把刀具完成的那一部分工艺过程为一道工序，这种方法适于工件的待加工表面较多、机床连续工作时间较长、加工程序的编制和检查难度较大的情况。

如图 3-8 所示工件，其工序划分如下：

工序一：钻头钻孔，去除加工余量；

工序二：采用外圆车刀粗、精加工外形轮廓；

工序三：采用内孔车刀粗、精车内孔。

对同一方向的外圆切削，应尽量在一次换刀后完成，避免频繁更换刀具。例如，车削图 3-9（a）所示的手柄零件，该零件加工所用坯料为 ϕ32 mm 棒料，批量生产，加工时用一台数控车床。其工序的划分及装夹方案如下：

工序一：夹棒料外圆柱面，如图 3-9（b）所示将一批工件全部车出，包括切断，工序内容有：先车出 ϕ12 mm 和 ϕ20 mm 两圆柱面及圆锥面（粗车掉 R42 mm 圆弧的部分余量），换刀后按总长要求留下加工余量，然后切断。

工序二：用 ϕ12 mm 外圆及 ϕ20 mm 端面装夹，如图 3-9（c）所示，工序内容有：先车削包络 SR7 mm 球面的 30°圆锥面，然后对全部圆弧表面半精车（留少量精车余量），最后换精车刀将全部圆弧表面一刀精车成形。

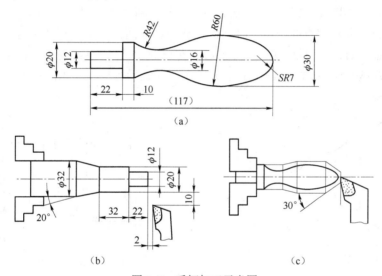

图 3-9 手柄加工示意图

（4）按安装次数划分工序。以一次安装完成的那一部分工艺过程为一道工序。这种方法适用于加工内容不多的工件，加工完成后就能达到待检状态。

加工如图 3-10 所示工件。

工序一：以毛坯的粗基准定位加工左端轮廓。

工序二：以加工好的外圆表面定位加工右端轮廓。

3）加工顺序的确定

为了达到质量优、效率高和成本低的目的，在对零件图进行认真和仔细的分析后，制定加工方案应遵循以下基本原则——先粗后精，先近后远，内外交叉，程序段最少，走刀路线最短。

（1）先粗后精。指按照粗车—半精车—精车

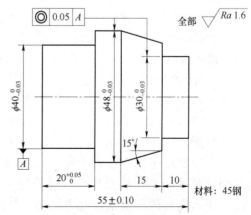

图 3-10 轴类零件加工路线分析

的顺序，逐步提高加工精度。粗加工工序，可在短时间内去除大部分加工余量；半精加工工序使精加工余量小而均匀；零件的成形表面应由最后一刀的精加工工序连续加工而成，尽量不要在其中安排切入和切出或换刀及停顿，以免因切削力突然变化而造成弹性变形，致使光滑连接轮廓上产生表面划伤、形状突变或滞留刀痕等情况。

例如：加工图 3-11 所示零件，为了提高生产效率并保证零件的精加工质量，在切削加工时，应先安排粗加工工序，在较短的时间内将精加工前的大部分加工余量去掉，同时尽量保证精加工的余量均匀，因此应先将图中双点画线内所示部分切除。

（2）先近后远。这里所说的远与近，是按加工部位相对于对刀点的距离大小而言的。在一般情况下，特别是在粗加工时，通常安排离对刀点近的部位先加工，离对刀点远的部位后加工，以便缩短刀具移动距离，减少空行程时间。对于车削而言，先近后远还有利于保持坯件或半成品的刚性，改善其切削条件。

例如：当加工如图 3-12 所示零件时，如果按照零件直径尺寸先大后小的顺序进行车削，一定会增加刀具返回对刀点的空运行时间，还会使各端面处产生毛刺。对这类直径相差不大的台阶轴，当第一刀背吃刀量（图 3-12 中最大背吃刀量可为 3 mm 左右）在车床的允许的范围内时，宜按 $\phi 34$ mm→$\phi 36$ mm→$\phi 38$ mm 的顺序先近后远地安排车削加工。

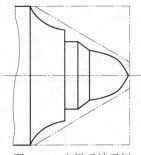

图 3-11　先粗后精示例

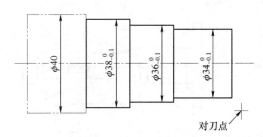

图 3-12　先近后远示例

（3）内外交叉。对既需要加工内表面（内型腔）又需要加工外表面的零件，安排加工顺序时，应先进行内外表面粗加工，后进行内外表面精加工。切不可将零件上一部分表面（外表面或内表面）加工完毕后，再加工其他表面（内表面或外表面）。

4）确定刀具的进给路线

确定数控车削加工进给路线的重点，主要在于确定粗车加工切削过程与空行程的进给路线；精加工切削过程的进给路线，基本上都是沿着零件轮廓的顺序进行的。

如用 G02（或 G03）指令车削圆弧，若一刀就把圆弧加工出来，背吃刀量太大，容易打刀。所以实际车圆弧时，需要多刀加工，先将大部分余量切除，最后才车出所需圆弧。图 3-13（a）所示为车锥法，这种车削加工方法刀具切削路线短，加工效率高，但计算麻烦。图 3-13（b）所示为移圆法，采用这种车削加工方法，编程简便，若处理不当，会导致较多的空行程。图 3-13（c）所示为车圆法，采用这种车削加工方法，每次车削圆弧的起点、终点坐标较易确定，数值计算简单，编程方便，故常采用。图 3-13（d）所示为台阶车削法，此方法刀具切削运动距离较短，但数值计算较繁，这种加工方法在复合固定循环中被广泛使用。

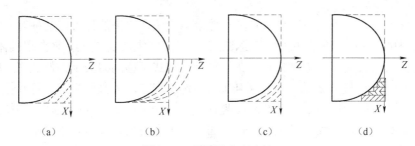

图 3-13 圆弧的车削方法

(a) 车锥法；(b) 移圆法；(c) 车圆法；(d) 台阶车削法

圆锥车削时的加工路线常用以下几种：图 3-14（a）所示为台阶车削法，这种加工方法在复合固定循环中被广泛使用。图 3-14（b）所示为平行车削法，采用这种车削加工方法，加工效率高，但计算麻烦。图 3-14（c）所示为终点车削法，采用这种车削加工方法，刀具的终点坐标相同，无须计算终点坐标，计算方便，但每次切削过程中背吃刀量是变化的，而刀具切削运动的路线较长。

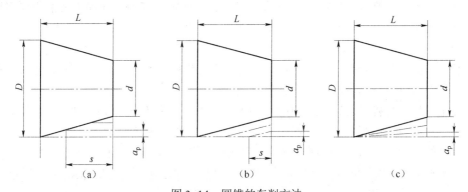

图 3-14 圆锥的车削方法

(a) 台阶车削方法；(b) 平行车削方法；(c) 终点车削法

3.2.3 数控车对刀及工件零点的设置

1. 对刀

在数控车床编程过程中，为使编程工作更加方便，通常将数控车刀的刀尖假想成一个点，该点称为刀位点或刀尖点。它不但是表示刀具特征的点，而且也是对刀和加工的基准点。调整每把刀的刀位点，使其尽量重合于某一理想基准点的过程称为对刀。

对刀是数控车床加工中的重要操作，对刀的准确与否决定了工件的加工精度，而且对刀的效率直接影响数控车削加工的效率。对刀的实质是确定编程原点（工件零点）在机床工件坐标系中的位置，其主要目的是建立准确的工件坐标系，同时还考虑加工中不同尺寸刀具对加工的影响。

2. 设置工件零点的几种方法

1）直接用刀具试切对刀

试切法对刀是实际操作中应用最多的一种对刀方法，是数控车床最基本的对刀方法。它使工件坐标系与机械坐标系紧密地联系在一起，只要不断电、不改变刀偏值，工件坐标系就不会改变；即使断电，重启后回参考点，工件坐标系还在原来的位置。这种对刀方法简单、可靠，但占用机床时间较多。下面以 FANUC 0I 系统的数控车床为例，来介绍具体操作方法。

工件和刀具装夹完毕，主轴正转，在手动操作方式下移动刀架至工件试切一段外圆。然后保持 X 坐标不变，移动 Z 轴使刀具离开工件，测量出该段外圆的直径，将其输入相应刀具参数的刀长中，系统会自动用刀具当前 X 坐标减去试切出的那段外圆直径，即得到工件坐标系 X 轴原点的位置。再移动刀具试切工件端面，在相应刀具参数的刀宽中输入 Z_0，系统会自动用此时刀具的 Z 坐标减去刚才输入的数值，即得工件坐标系 Z 轴原点的位置。

例如：2 号刀刀架在机械坐标系中 X 的值为 150.0，车出的外圆直径为 25.0，那么使用该把刀具切削时的程序原点在机械坐标系中的 X 值为 150.0–25.0=125.0；刀架在机械坐标系中的 Z 为 180.0 时，切削工件的端面为 0，那么使用该把刀具切削时的程序原点在机械坐标系中的 Z 值为 180.0–0=180.0。分别将（125.0，180.0）存入 2 号刀具补偿寄存器的 X 与 Z 中，在程序中使用 T0202 就可以成功建立出工件坐标系。

事实上，找工件原点在机械坐标系中的位置并不是求该点的实际位置，而是找刀尖点到达（0，0）时刀架的位置。采用这种方法对刀一般不使用标准刀，在加工之前需要将所要使用到的刀具全部都对好。

2）用 G50 设置工件零点

FANUC 0I 系统的数控车床用 G50 指令设定工件坐标系，其编程格式为"G50 X__ Z__；"。该指令一般作为第一条指令放在整个程序的最前面。

将工件、刀具安装好之后，用 MDI 方式操纵机床。先用外圆车刀试切工件外圆，测量外圆直径，再控制刀具切削到工件端面中心位置，具体操作步骤如下：

（1）用外圆车刀先试车一外圆，然后把刀沿 Z 轴正方向退至端面附近。

（2）按面板 [POS] 位置按钮，再按"[相对]"软键，进入相对坐标系后按地址键"U"，这时屏幕上字母 U 不断闪烁，软键"[起源]"置"零"。

（3）测量所切外圆直径，假设外圆直径为 40 mm。

（4）选择 MDI 方式，输入"G00 U - 40.0 F0.3；"，按循环启动键（"START"键），使刀具切工件端面到中心（X 轴坐标减去直径值）。

（5）选择 MDI 方式，输入"G50 X0 Z0；"，按循环启动键（"START"键），把当前位置设定为零点。

（6）选择 MDI 方式，输入"G00 X150.0 Z150.0；"，使刀具离开工件达到起刀点。

这时程序开头应当加入"G50 X150 Z150；"程序段，并且程序起点和终点必须一致，即该刀具加工结束时，应用程序段"G00 X150.0 Z150.0；"使刀具返回起刀点，这样才能保证重复加工不乱刀。

用 G50 设定坐标系，对刀后将刀具移动到 G50 设定的位置才能加工。对刀时先对基准刀，其他刀具的刀偏都是相对于基准刀的。

3）用 G54～G59 设置工件零点

FANUC 0I 系统的数控车床运用 G54～G59 可以设定六个坐标系，这种坐标系是相对于参考点不变的，与刀具无关。这种方法适用于批量生产且工件在卡盘上有固定装夹位置的加工。

将工件、刀具安装好之后，用 MDI 方式操纵机床。先用外圆车刀试切工件外圆，测量出工件外圆直径后，将刀具移动到工件端面中心位置，利用工件坐标系设定画面，将设定值存入 G54～G59 任意选定的坐标系中。具体操作步骤如下：
（1）用外圆车刀先试车一外圆，然后把刀沿 Z 轴正方向退至端面附近。
（2）测量所切外圆直径，假设外圆直径为 40 mm。
（3）依次按功能键"[OFFSET]"、软键"[坐标系]"，进入工件坐标系参数设定画面，移动光标到 G54 坐标系中 X 的位置上。
（4）输入"40.0"，按软键"[测量]"，将 X 值录入到选定的 G54 坐标系中 X 的位置上。
（5）切削工件端面。
（6）依次按功能键"[OFFSET]"、软键"[坐标系]"，进入工件坐标系参数设定画面，移动光标到 G54 坐标系中 Z 的位置上。
（7）输入"0."，按软键"[测量]"，将 Z 值录入到选定的 G54 坐标系中 Z 的位置上。

编程时，可在程序中直接调用 G54～G59，如："G54 X50 Z50 …;"。可用 G53 指令清除 G54～G59 工件坐标系。

4）直接设置工件偏置零点

在数控车床 FANUC 0I 系统的功能菜单里，有一个工件偏移坐标系界面，可输入适当的值将工件原点进行偏移。这种方法适用于批量生产且工件在卡盘上有固定装夹位置，但个别工件毛坯超出预定加工范围而需进行调整的加工。具体操作步骤如下：

（1）用外圆车刀先试车一外圆，然后把刀沿 Z 轴正方向退至端面附近。
（2）在位置画面按"[相对]"软键，进入相对坐标系后按地址键"U"，这时屏幕上字母 U 不断闪烁，软键"[起源]"置"零"。
（3）测量所切外圆直径，假设外圆直径为 40 mm。
（4）选择 MDI 方式，输入"G00 U-40.0 F0.3;"，按循环启动键（"START"键），使刀具切工件端面到中心（X 轴坐标减去直径值）。
（5）依次按功能键"[OFFSET]"、软键"[坐标系]"，进入工件坐标系参数设定画面，移动光标到 G54 坐标系中 X、Z 的位置上。
（6）输入"0."，按软键"[测量]"，将 X、Z 值依次录入到选定的 G54 坐标系中 X、Z 的位置上。
（7）选择回参考点方式，按 X、Z 轴回参考点键，使刀具返回机床参考点，这时具有新工件零点的坐标系即建立。

注意：这个新工件零点将一直保持，只有重新设置偏移值 Z0 才被清除。

3.2.4 刀具偏置（补偿）的设定

刀具补偿是补偿实际加工时所用的刀具与编程时使用的理想刀具或对刀时用的基准刀具之间的差值。数控车床一般均有刀具补偿功能，这是因为车床通常进行连续切削加工，刀架在换刀时的前一刀具刀尖位置和更换的新刀具刀尖位置之间会产生差异，且由于刀具的安装误差、刀具磨损和刀尖圆弧半径的存在等，故在数控车削加工中必须利用刀具补偿功能，才能加工出符合图纸尺寸要求的零件。

数控车床的刀具补偿可分为两类，即刀具位置补偿和刀具半径补偿，其中刀具位置补偿又可分为刀具几何补偿和刀具磨损补偿。

数控车削加工中，常常利用修改刀具几何补偿和刀具磨损补偿的方法，来达到控制加工余量、提高加工精度的目的。因此,合理地利用刀具补偿还可以简化编程。

1. 刀具几何补偿

刀具几何补偿是补偿实际加工时所用的刀具形状和安装位置与编程时理想刀具或基准刀具之间的偏差值。

在实际加工工件时,使用一把刀具一般不能满足工件的加工要求,通常要使用多把刀具进行加工。作为基准刀的 1 号刀,刀尖点的进给轨迹如图 3-15(a)所示(图中各刀具无刀位偏差)。其他刀具的刀尖点相对于基准刀刀尖存在一定的偏移量,即刀位偏差,如图 3-15(b)所示(图中各刀具有刀位偏差)。若使用 T 指令,则使非基准刀刀尖点从偏离位置移动到基准刀的刀尖点位置(A 点),然后再按编程轨迹进给,如图 3-15(b)中点画线所示。

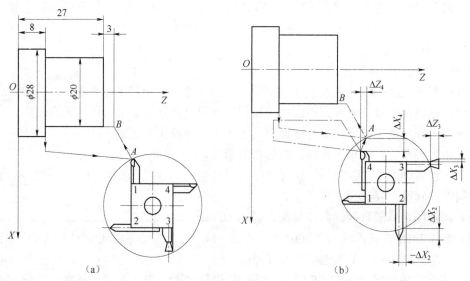

图 3-15 刀具几何补偿

(a) 无刀位偏差;(b) 有刀位偏差

2. 刀具磨损补偿

刀具在加工过程中出现的磨损也要进行位置补偿。刀具磨损补偿则是用于补偿当刀具使用磨损后刀具头部与原始尺寸的误差。

当刀具磨损后或工件尺寸有误差时,只要修改刀具补偿寄存器中每把刀具相应的数值即可,该寄存中存放有刀具的 X 轴偏置和 Z 轴偏置量等。

例如某工件加工后外圆直径比要求的尺寸大(或小)了 0.1 mm,则可以用 U - 0.1(U0.1)修改相应存储器中的数值。当长度方向尺寸有偏差时,修改方法类同。

3. 刀具位置补偿的实现

刀具的位置补偿功能是由程序中指定的 T 代码实现的。T 代码由字母 T 和其后面的 4 位数字组成,其中前两位数字为刀具号,后两位数字为刀具补偿号。T 代码格式为:T××××,如程序段"G01 X50 Z100 T0103;"表示调用 1 号刀,选用刀具补偿寄存器中预存的 3 号偏置量。刀具补偿号实际上是刀具补偿寄存器的地址号,可以是 0~32 中任意一个数。当刀具补偿号为 00 时,表示不进行补偿或取消刀具补偿。为防止编程时调用差错,刀具补偿号一般与刀具号设置为同一数值。

刀具位置补偿功能必须在一个程序段的执行过程中完成，而且程序段内必须有 G00 或 G01 指令才能生效。T 代码指令可单独一行书写，也可跟在移动程序指令的后面。当一个程序段中同时含有刀具补偿指令和刀具移动指令时，应先执行 T 代码指令，后执行刀具移动指令。

当设定刀具几何补偿和磨损补偿同时有效时，刀补量是两者的矢量和。

数控系统对刀具的补偿或取消刀具补偿都是通过数控车床的拖板移动来实现的。对带自动换刀的车床而言，执行 T 指令时，首先让刀架转位，按 T 代码前 2 位数字指定的刀具号选择好刀具后，再按 T 代码后 2 位数字对应的刀具补偿寄存器中刀具位置补偿值的大小来调整刀架拖板位置，实施刀具几何位置补偿和磨损补偿。

4. 刀具位置补偿的设定

刀具几何补偿和刀具磨损补偿的补偿数据通常是通过对刀采集到的，而且必须将这些数据准确地储存到刀具补偿寄存器中，然后通过程序中的刀具补偿代码来提取并执行。

数控车床常用的刀具位置补偿的设定方法有如图 3-16 所示的三种，即试切对刀、对刀仪自动对刀和机外对刀仪对刀。

1）试切对刀

在手动操作方式下，刀具分别车削试件的外圆和端面，将所测数值输入到指定的界面下，数控系统自动运算，从而得到相应的偏置补偿值。具体操作内容视数控系统的不同而略有差异，FANUC 0I 系统数控车床的对刀请参阅本书项目 2 中的有关内容。

手动对刀是基本对刀方法，但它还是没有跳出传统车床"试切—测量—调整"的对刀模式，在机床上占用较多的时间。此方法较为落后。试切对刀如图 3-16（a）所示。

2）对刀仪自动对刀

现在很多数控车床上都装备了对刀仪，使用对刀仪对刀可减少测量刀具时产生的误差，大大提高对刀精度。对刀仪自动对刀是通过刀尖检测系统实现的，刀尖以设定的速度向接触式传感器接近，当刀尖与传感器接触并发出信号时，数控系统立即记下该瞬间的坐标值，并自动修正刀具补偿值。对刀仪自动对刀如图 3-16（b）所示。

3）机外对刀仪对刀

将刀具随同刀架一起紧固在对刀仪的刀具安装座上，摇动 X 向和 Z 向进给手柄，直至被测刀尖与放大镜中十字线交点重合为止。这时通过 X 向和 Z 向的微型读数器，分别读出 X 向及 Z 向的长度值，就是该刀具的对刀长度。利用机外对刀仪可将刀具预先在机床外校对好，以便装上机床后将对刀测量到的数值输入到相应刀具补偿寄存器中。机外对刀仪对刀如图 3-16（c）所示。

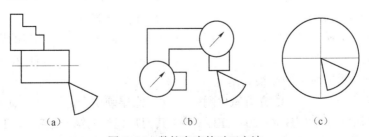

图 3-16 数控车床的对刀方法

(a) 试切对刀；(b) 对刀仪自动对刀；(c) 机外对刀仪对刀

3.3 实训内容

(1) 到实习工厂或数控加工实训室进行实训,熟悉数控车刀的结构特点及其分类,掌握数控车刀机夹可转位刀片的选择方法。

(2) 到数控仿真实训室,用上海宇龙仿真软件对设置工件零点的几种方法进行数控仿真模拟训练。

(3) 试分析如图 3-17 所示的轴类零件数控车削加工工艺过程。其材料为 45 钢,毛坯为棒料,小批量生产。

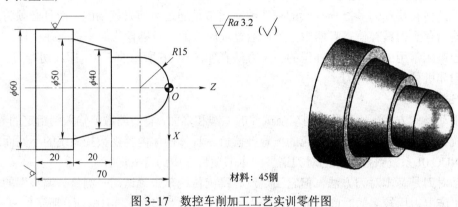

图 3-17 数控车削加工工艺实训零件图

3.4 自 测 题

1. 选择题(请将正确答案的序号填写在括号中)

(1) 数控车床的四爪卡盘属于(   )。
A. 通用夹具　　　　B. 专用夹具　　　　C. 组合夹具　　　　D. 成组夹具

(2) 切削速度的选择主要取决于(   )。
A. 工件余量　　　　B. 刀具材料　　　　C. 刀具耐用度　　　D. 工件材料

(3) 切削用量的选择原则,在粗加工时,以(   )作为主要的选择依据。
A. 加工精度　　　　　　　　　　　　　B. 提高生产率
C. 经济性和加工成本　　　　　　　　　D. 工件的强度

(4) 选择切削用量三要素时,切削速度 v、进给量 f、背吃刀量 a_p 选择的次序为(   )。
A. v, f, a_p　　　B. f, a_p, v　　　C. a_p, f, v　　　D. f, v, a_p

(5) 下列刀具材料中,硬度最大的是(   )。
A. 高速钢　　　　　B. 立方氮化硼　　　C. 涂层硬质合金　　D. 氧化物陶瓷

(6) 机夹可转位刀片"TBHG120408EL–CF",其刀片代号的第一个字母"T"表示(   )。
A. 刀片形状　　　　B. 切削刃形状　　　C. 刀片尺寸精度　　D. 刀尖角度

2. 判断题（请将判断结果填入括号中，正确的填"√"，错误的填"×"）

（1）精加工时，进给量是按表面粗糙度的要求选择的，表面粗糙度要求较高时，应选择较小的进给量。（　　）

（2）硬质合金是一种耐磨性好及耐热性、抗弯强度和冲击韧性都较高的刀具材料。（　　）

（3）划分加工阶段，有利于合理利用设备并提高生产率。（　　）

（4）所有零件的机械加工都要经过粗加工、半精加工、精加工和光整加工四个阶段。（　　）

（5）数控加工中，采用加工路线最短的原则确定走刀路线既可以减少空刀时间，又可以减少程序段。（　　）

（6）车刀按刀尖形状分为尖形车刀、圆弧形车刀和成形车刀三类。通常情况下，我们将螺纹车刀归纳为成形车刀。（　　）

（7）软爪在使用前可进行自镗加工，以保证卡爪中心与主轴中心重合。（　　）

3. 简答题

（1）数控车削加工工序划分的方法有哪几种？

（2）制定数控车削加工方案应遵循的基本原则是什么？

项目 4 阶梯轴类零件加工与编程

典型案例：在 FANUC 0I Mate–TC 数控车床上加工如图 4-1 所示零件，设毛坯是 $\phi 40$ mm 的棒料，材料为 45 钢。

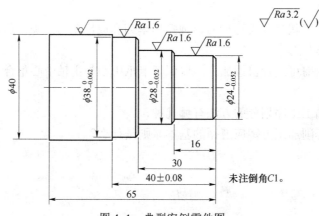

图 4-1 典型案例零件图

4.1 技 能 解 析

（1）掌握 FANUC 0I Mate–TC 数控系统中 G00/G01/G96/G97/G98/G99/T 等指令的编程格式及应用时需注意的事项，能较合理地编写阶梯轴类零件的加工程序。掌握并熟练运用 G00 和 G01 指令编程加工外圆和倒角。

（2）正确地选择设备、刀具、夹具、切削用量，合理分析阶梯轴类零件的结构特点、工艺性能及特殊加工要求，编制数控加工工艺卡。

（3）通过对阶梯轴零件的加工，掌握数控车床的编程技巧。

4.2 相 关 知 识

4.2.1 主轴转速功能设定（G96、G97、G50）

1. G96 表示主轴恒线速度控制

格式：G96 S___；

在 G96 状态下，S 后面的数值表示恒定的线速度，单位为 m/min。

例：G96 S150；表示控制主轴转速，使切削点的线速度始终保持在 150 m/min。

该指令在车削端面或工件直径变化较大时使用。

2. G97 恒转速控制（取消主轴恒线速度控制）

格式：G97 S___；

在 G97 状态下，S 后面的数值表示恒线速度控制取消后的主轴转速，单位为 r/min。

例：G97 S3000；表示恒线速控制取消后主轴转速为 3 000 r/min。

当由 G96 转为 G97 时，应对 S 指令赋值，若 S 未指定，将保留 G96 指令的最终值；当由 G97 转为 G96 时，若没有 S 指令，则按前一 G96 所赋 S 值进行恒线速度控制。

恒转速控制一般在车螺纹或车削工件的直径变化不大时使用。

3. G50 可以限定每分钟最高多少转

格式：G50 S___；

在 G50 指令状态下，S 后面的数值表示最高转速，单位为 r/min。

例：G50 S2000；表示最高转速限制为 2 000 r/min。

该指令可防止因主轴转速过高、离心力太大，产生危险及影响机床寿命。

注：华中系统使用"G46 X___"限定主轴最低转速，使用"G46 P___"限定主轴最高转速，单位为 r/min。

4.2.2 进给功能设定（G98、G99）

1. G98 进给速度按每分钟进给量指定

格式：G98 F___；

F 后面跟的数值表示的是每分钟进给量，单位为 mm/min。

例：G98 F100；表示每分钟进给量为 100 mm/min。

借助于 CNC 面板上的进给速度倍率开关，已编程的进给速度可以在 0%～150%修调。

在执行螺纹加工时，速度倍率开关无效，机床以 F 编程值的 100%工作。

2. G99 进给速度按主轴每转进给量指定

格式：G99 F___；

F 后面跟的数值表示的是主轴每转的切削进给量或切削螺纹时的螺距，在数控车床上这种进给方法使用得较多，单位为 mm/r。

例：G99 F0.5；表示每转进给量为 0.5 mm/r。

注：对于华中系统，分别用 G94、G95 来设定每分钟进给和每转进给。

格式：G94 F___；每分钟进给。

G95 F___；每转进给。

4.2.3 刀具功能 T 指令

功能：用于选择加工所用刀具。

格式：T___；

T 后面有 4 位数值，前两位是刀具号，后两位是刀具位置补偿号兼刀尖圆弧半径补偿号。

例：T0505 表示 5 号刀及 5 号刀具位置补偿和刀尖圆弧半径补偿值。

T0500 表示取消刀具补偿。

4.2.4 快速定位运动（G00）

功能：绝对值编程时，刀具分别以各轴的快速进给速度运动到工件坐标系 X、Z 点；增量值编程时，刀具以各轴的快速进给速度运动到距离现有位置增量值为 U、W 的点。

格式：G00 X（U）__ Z（W）__；

指令应用说明：

（1）G00 为模态指令，可由 G01、G02、G03 等指令注销；

（2）移动速度不能用程序指令设定，而是由机床参数设定，各轴的快移速度可以相同，也可以不相同；

（3）G00 的执行过程为刀具由程序起始点加速到最大速度，然后快速移动，最后减速到终点，实现快速点定位；

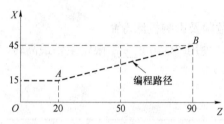

图 4-2 G00 快速定位运动指令示例

（4）在执行 G00 指令时，由于各轴以各自速度移动，故不能保证各轴同时到达终点，联动直线轴的合成轨迹多数情况是折线，操作者要十分小心，避免刀具与工件发生碰撞；

（5）G00 指令一般用于加工前的快速定位或加工后的快速退刀。

如图 4-2 所示，刀具由 A 快速运动到 B，直径编程方式，其绝对值和增量值编程如下。

绝对值编程：G00 X90.0 Z90.0；

增量值编程：G00 U60.0 W70.0；

4.2.5 直线插补（G01）

功能：绝对值编程时，刀具以 F 指令的进给速度进行直线插补，运动到工件坐标系 X、Z 点；增量值编程时，刀具以 F 进给速度运动到距离现有位置增量值为 U、W 的点。

格式：G01 X（U）__ Z（W）__ F__；

指令应用说明：

（1）G01 为模态指令，可由 G00、G02、G03 等指令注销；

（2）G01 指令后的坐标值取绝对值编程还是取增量值编程，由尺寸字（X、Z）或（U、W）决定；

（3）进给速度由 F 指令决定。F 指令也是模态指令，可由 G00 指令取消。如果在 G01 程序段之前的程序段没有 F 指令，而现在的 G01 程序段中也没有 F 指令，则机床不运动。因此，G01 程序段中必须含有 F 指令；F 进给速度在没有新的 F 指令之前一直有效，不必在每个程序段中都写入 F 指令。

例 1 完成如图 4-3 所示零件外轮廓精加工程序。程序见表 4-1。

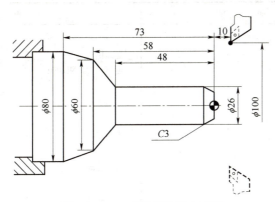

图 4-3 G01 直线插补例 1 示例

表 4-1 用直线插补 G01 编写的例 1 数控加工程序

程　序	说　明
O1122	程序名
N010　T0101；	
N020　M03 S450；	
N030　G00 X16.0 Z2.0；	起刀位置
N040　G01 X26.0 Z–3.0 F60；	切削倒角
N050　Z–48.0；	
N060　X60.0 Z–58.0；	切削锥面
N070　X80.0 Z–73.0；	切削锥面
N080　X90.0；	
N090　G00 X100.0 Z10.0；	退刀
N100　M05；	
N110　M30；	程序结束

例 2　完成如图 4-4 所示零件粗、精加工程序。程序见表 4-2。

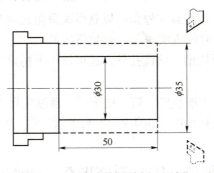

图 4-4 G01 直线插补例 2 示例

表 4-2 用直线插补 G01 编写的例 2 数控加工程序

程　序	说　明
O1133	程序名
N02　T0101；	

续表

程 序	说 明
N04　M03 S400;	
N06　G00 X31.0 Z3.0;	起刀位置
N08　G01 Z–50.0 F80.0;	走第一刀，粗加工
N10　X36.0;	
N12　Z3.0;	退刀
N14　X30.0;	
N16　Z–50.0;	走第二刀，精加工
N18　X36.0;	
N20　G00 X100.0 Z50.0;	刀具远离工件
N22　M05;	
N24　M30;	程序结束

4.2.6 暂停指令（G04）

功能：在两个程序段之间产生一段时间的暂停。

格式：G04　X（U）__；

或　　　G04　P__；

程序中，X、U、P 为暂停时间，P 后面的数值为整数，单位为 ms；X（U）后面为带小数点的数，单位为 s。

例如，欲停留 1.5 s 的时间，则程序段为：

或　G04　X1.5;

　　G04　P1500;

指令应用说明：

（1）该指令为非模态指令，仅在其规定的程序段中有效。

（2）G04 在前一程序段的进给速度降到零之后才开始暂停动作，在执行含 G04 指令的程序段时，先执行暂停功能。

（3）G04 指令可使刀具做短暂的停留，以获得圆整而光滑的表面质量，常用于钻镗孔、车槽等加工时，刀具在很短时间内实现无进给光整加工。

（4）G04 指令除了用于切槽、钻镗孔外，还可以用于拐角轨迹的控制，如车台阶轴，以弥补跟随误差。

（5）G04 指令可以用于实现暂停，暂停结束后，继续执行下一段程序。

注：对于华中系统一般只使用"G04 P__"来表示暂停，P 为暂停时间，单位为 s。例如 G04　P5，表示暂停 5 s。

4.2.7 内（外）径车削单一固定循环指令（G90）

功能：当零件的内、外圆柱面（圆锥面）上毛坯余量较大时，用 G90 可以去除大部分毛坯余量。

1. 圆柱切削循环指令编程

格式：G90　X（U）__ Z（W）__ F__；

其运行轨迹如图 4-5 所示。

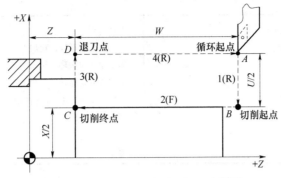

图 4–5 G90 圆柱切削循环加工路线图

R—快速进给；F—切削进给

说明：

（1）X、Z 为绝对值编程时切削终点 C 在工件坐标系下的坐标；

（2）U、W 为增量编程时切削终点 C 相对于循环起点 A 的有向距离（有正负号）；

（3）F 为切削进给速度。

步骤说明：

图 4–5 中刀具从 A 点出发：

第一段沿 X 轴快速移动到 B 点；

第二段以 F 指令的进给速度切削到达 C 点；

第三段切削进给退到 D 点；

第四段快速退回到出发点 A 点，完成一个切削循环。

例：编写如图 4–6 所示零件的加工程序，毛坯棒料为 $\phi 45$ mm×80 mm，程序见表 4–3。

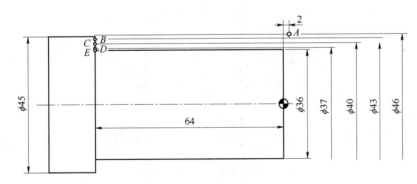

图 4–6 圆柱面切削循环示例

表 4–3 内（外）径车削单一固定循环 G90 指令编写的圆柱切削数控加工程序

程　　序	说　　明
O1133 N10 T0101； N20 G98 M03 S800；	

续表

程　　序	说　　明
N30 G00 X46.0 Z2.0;	循环起点
N40 G90 X43.0 Z-64.0 F50.0;	第一次固定循环，粗加工
N50 X40.0;	第二次固定循环，粗加工
N60 X37.0;	第三次固定循环，粗加工
N70 X36.0 S1200 F30.0;	最后一次固定循环，精加工
N80 G00 X100.0 Z50.0;	刀具远离工件
N90 M05;	
N95 M30;	程序停止

编程要点：

（1）循环起点的选择应在靠近毛坯外圆表面与端面交点附近，循环起点离毛坯太远会增加走刀路线，影响加工效率；

（2）注意根据粗、精加工的不同及加工状态来改变切削用量。

注：华中系统内（外）径车削单一固定循环使用 G80 指令，格式为

G80　X（U）__ Z（W）__ F__；

2. 圆锥切削循环指令编程

格式：G90　X（U）__Z（W）__R__F__；

其轨迹如图 4-7 所示。

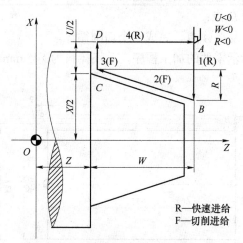

图 4-7　G90 圆锥切削循环加工路线图

R—快速进给；F—切削进给

说明：

（1）X、Z 为绝对值编程时切削终点 C 在工件坐标系下的坐标；

（2）U、W 为增量编程时切削终点 C 相对于循环起点 A 的有向距离（有正负号）；

（3）R 为切削起点 B 与切削终点 C 的半径差，其符号为差的符号（无论是绝对值编程还是增量值编程）。

步骤说明:
(1) 循环起点为 A, 刀具从 A 到 B 为快速移动以接近工件;
(2) 从 B 到 C、C 到 D 为切削进给, 进行圆锥面和端面的加工;
(3) 从 D 点快速返回到循环起点。
指令中参数符号的确定如图 4-8 所示。

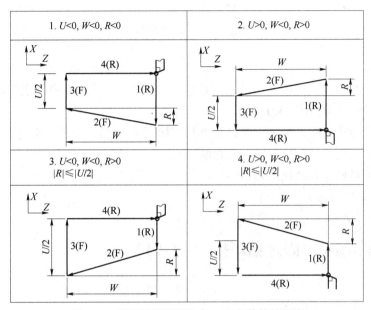

图 4-8　圆锥切削循环指令 G90 参数符号规定

例: 编写如图 4-9 所示零件的加工程序, 毛坯棒料直径为 $\phi 33$ mm, 程序见表 4-4。

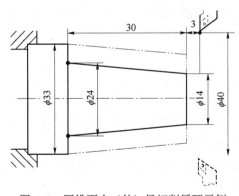

图 4-9　圆锥面内(外)径切削循环示例

表 4-4　用内(外)径车削单一固定循环指令 G90 编写的圆锥切削数控加工程序

程　序	说　明
O1234	程序名
T0101;	
G98 M03 S800;	
G00 X40.0 Z3.0;	循环起点

续表

程　　　序	说　　明
G90 X30.0 Z−30.0 R−5.5 F50.0; X27.0 R−5.5; X24.0 R−5.5 S1200 F30.0; G00 X50.0 Z50.0; M05; M30;	第一次固定循环，粗加工 第二次固定循环，粗加工 第三次固定循环，精加工 刀具远离工件 程序停止

编程要点：

（1）当编程起点不在圆锥面小端外圆轮廓上时，注意锥度起点和终点半径差的计算，如本例锥度差 R 为−5.5 而不是−5.0。

（2）在对锥度进行粗、精加工时，虽然每次加工时 R 值都一样，但每条语句中的"R"值都不能省略，否则系统会按照圆柱面轮廓处理。

注：华中系统圆锥切削循环指令格式：

G80 X（U）__Z（W）__I__F___;

其中，I 与 R 含义相同，使用方法相同。

4.2.8　端面车削单一固定循环指令（G94）

1. 平端面车削循环

格式：G94 X（U）__Z（W）__F__;

其轨迹如图 4-1 所示。

说明：

（1）X、Z 为绝对值编程时端面切削终点 C 在工件坐标系下的坐标；

（2）U、W 为增量编程时端面切削终点 C 相对于循环起点 A 的有向距离（有正负号）；

（3）F 为切削进给速度。

步骤说明：

刀具从循环起点 A 开始沿 A、B、C、D、A 的方向运动。

（1）从 A 到 B 为快速移动以接近工件；

（2）从 B 到 C、C 到 D 为切削进给，进行端面和圆柱面的加工；

（3）从 D 点快速返回到循环起点。

注：华中系统端面车削单一固定循环指令格式：

G81　X（U）__Z（W）___F___;

使用方法和上述相同。

例：编写如图 4-11 所示零件的加工程序，毛坯棒料直径为 $\phi 60$ mm，程序见表 4-5。

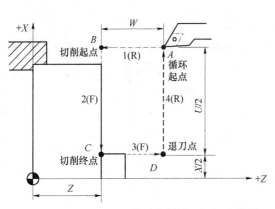
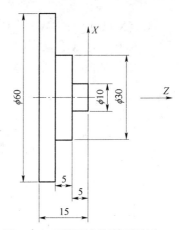

图 4-10 G94 平端面车削循环加工路线图
R—快速进给；F—切削进给

图 4-11 平端面车削循环示例

表 4-5 用端面车削单一固定循环指令 G94 编写的平端面切削数控加工程序

程　序	说　明
O1122	程序名
T0101；	
G98 M03 S500；	
G00 X62.0 Z2.0；	循环起点
G94 X10.0 Z-3.0 F50.0；	第一次固定循环
Z-5.0；	第二次固定循环
X30.0 Z-8.0；	第三次固定循环
Z-10.0；	第四次固定循环
G00 X100.0 Z50.0；	刀具远离工件
M05；	
M30；	程序停止

2. 锥面车削循环

格式：G94　X（U）＿Z（W）＿R＿F＿；

其轨迹如图 4-12 所示。

说明：

（1）X、Z 为绝对值编程时切削终点 C 在工件坐标系下的坐标；

（2）U、W 为增量编程时切削终点 C 相对于循环起点 A 的有向距离（有正负号）；

（3）R 表示锥度尺寸（R 的值为图中的 k，k 为 Z 轴上圆锥面切削起点 B 减去切削终点 C 的值）；

（4）F 为切削进给速度。

步骤说明：

刀具从循环起点 A 开始沿 A、B、C、D、A 的方向运动，每个循环加工结束后刀具都返回到循环起点。

注：华中数控系统圆锥端面车削单一固定循环指令格式：

G81 X(U)__Z(W)__K__F__;

程序中，K 和上述 R 含义相同，指令使用方法相同。

例：编写如图 4-13 所示零件的加工程序，毛坯棒料直径为 φ60 mm，程序见表 4-6。

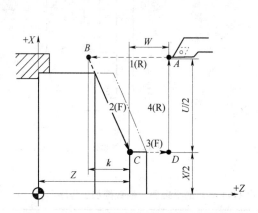

图 4-12 G94 锥面车削循环加工路线图
R—快速进给；F—切削进给

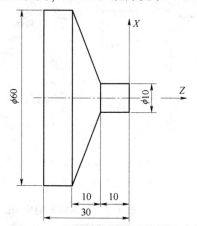

图 4-13 锥面车削循环示例

表 4-6 用端面车削单一固定循环指令 G94 编写的锥面切削数控加工程序

程　序	说　明
O8899	程序名
T0101;	
G99 M03 S500;	
G00 X62.0 Z2.0;	循环起点
G94 X10.0 Z-2.0 R-10.4 F50;	第一次固定循环
Z-4.0 R-10.4;	第二次固定循环
Z-6.0 R-10.4;	第三次固定循环
Z-8.0 R-10.4;	第四次固定循环
Z-10.0 R-10.4 F0.1 S800;	第五次固定循环，精加工
G00 X100.0 Z50.0;	
M05;	
M30;	程序结束

4.3 工艺分析及数据计算

4.3.1 零件工艺分析及尺寸计算

1. 零件工艺分析

图 4-1 所示典型案例零件为轴头，主要由外圆面、端面和倒角组成。
工件坐标系原点 O 设置在工件右端面和轴心线的交点处，建立 XOZ 工件坐标系。
采用三爪自定心卡盘装夹，夹紧轴零件的毛坯车端面，同时加工外圆、倒角。

2. 尺寸计算

编程尺寸的计算如下：

$$\phi38_{-0.062}^{0}\ 外圆编程尺寸 = 38 + \frac{0+(-0.062)}{2} = 37.969\ (\text{mm})$$

$$\phi28_{-0.052}^{0}\ 外圆编程尺寸 = 28 + \frac{0+(-0.052)}{2} = 27.974\ (\text{mm})$$

$$\phi24_{-0.052}^{0}\ 外圆编程尺寸 = 24 + \frac{0+(-0.052)}{2} = 23.974\ (\text{mm})$$

$$L40_{-0.08}^{+0.08}\ 轴长编程尺寸 = 40 + \frac{0.08+(-0.08)}{2} = 40.000\ (\text{mm})$$

4.3.2 工艺方案

（1）从右至左粗车各圆柱面；
（2）车右端面；
（3）从右至左精车各圆柱面和倒角。

4.3.3 选择刀具、量具及切削用量

1. 刀具和量具的选择

根据加工要求选用的刀具、量具见表 4–7。

表 4–7 阶梯轴加工刀具、量具选择

序号	名称	规格/mm	精度/mm	数量	应用
	阶梯轴量具、刀具清单			图号	
1	千分尺	0~25	0.01	1把	检测 $\phi24$ mm 外圆
2	千分尺	25~50	0.01	1把	检测 $\phi28$ mm 和 $\phi38$ mm 外圆
3	游标卡尺	0~150	0.02	1把	检测毛坯和长度尺寸
4	90°外圆粗车刀	R0.8		1把	粗车零件外轮廓
5	90°外圆精车刀	R0.2		1把	精车零件外轮廓

2. 切削用量的选择

根据加工要求，切削用量的选择见表 4–8。

表 4–8 切削用量

序号	加工内容	车刀参数			切削用量			加工工序
		刀具号	刀尖半径/mm	刀尖方位	主轴转速 n /(r·min^{-1})	进给量 f /(mm·min^{-1})	背吃刀量 a_p/mm	
1	粗车外轮廓，留余量 1 mm	T01	0.4	T3	600	80	1.5	自动 O001
2	精车各表面至尺寸要求	T02	0.2	T3	800	60	0.5	自动 O001

4.4 程序编制

如图 4-1 所示的典型案例零件在配置前置式刀架的数控车床上加工,数控加工程序编制见表 4-9。

表 4-9 典型案例零件数控加工程序

程　　序	说　　明
O0001	程序名
N05 G40 G97 G99 M03 S600 F80;	主轴正转 600 r/min,粗车进给 80 mm/min
N10 T0101;	换粗车刀 T0101
N15 M08;	切削液开
N20 G00 X38.5 Z2.0;	快速进刀,准备粗车ϕ38 mm 外圆
N25 G01 Z-40.0;	粗车ϕ38 mm 外圆
N30 G00 X40.0 Z2.0;	快速退刀
N35 X35.5;	快速进刀,准备粗车ϕ28 mm 外圆第一刀
N40 G01 Z-30.0;	粗车ϕ28 mm 外圆第一刀
N45 G00 X38.0 Z2.0;	快速退刀
N50 X32.5;	快速进刀,准备粗车ϕ28 mm 外圆第二刀
N55 G01 Z-30.0;	粗车ϕ28 mm 外圆第二刀,快速退刀
N60 G00 X34.0 Z2.0;	快速进刀,准备粗车ϕ28 mm 外圆第三刀
N65 X30.5;	
N70 G01 Z-30.0	粗车ϕ28 mm 外圆第三刀
N75 G00 X32.0 Z2.0;	快速退刀
N80 X27.5;	快速进刀,准备粗车ϕ24 mm 外圆第一刀
N85 G01 Z-16.0;	粗车ϕ24 mm 外圆第一刀
N90 G00 X29.0 Z2.0;	快速退刀
N95 X24.5;	快速进刀,准备粗车ϕ24 mm 外圆第二刀
N100 G01 Z-16.0;	粗车ϕ24 mm 外圆第二刀
N105 X40.0;	退刀
N110 G00 X200.0 Z2.0;	快速退刀至换刀点
N115 M09;	冷却液关
N120 M01;	程序选择暂停
N125 T0202;	换精车刀 T0202
N130 M08 M03 S800 F60;	精车转速 800 r/min,进给量 60 mm/min
N135 G00 X0.0;	快速进刀
N140 G01 Z0.0;	慢速进刀,车右端面
N145 X22.0;	精车右端面
N150 G01 X23.974 Z-1.0;	车右端面倒角
N155 Z-16.0;	精车ϕ24 mm 外圆至尺寸
N160 X26;	精车ϕ28 mm 端面
N165 X27.974 W-1.0;	车ϕ28 mm 端面倒角
N170 Z-30.0;	精车ϕ28 mm 外圆至尺寸
N175 X35;	精车ϕ38 mm 端面
N180 X37.969 W-1.5;	车ϕ38 mm 端面倒角
N185 Z-40.0;	精车ϕ38 mm 外圆至尺寸
N190 X40.0;	精车ϕ40 mm 端面
N195 G00 X200.0 Z100.0;	快速退刀
N200 M30;	程序结束

4.5 实训内容

在 FANUC 0I Mate–TC 数控车床上加工如图 4–14 所示零件,设毛坯是 $\phi 35$ mm 的棒料,材料为 45 钢,要求编制数控加工程序并完成零件的加工。

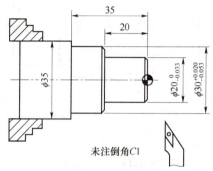

图 4–14 实训题图

4.6 自测题

1. 选择题(请将正确答案的序号填写在括号中)

(1) G00 的指令移动速度值是(   )。

A. 机床参数指定   B. 数控程序指定   C. 操作面板指定

(2) 用单一固定循环 G90 指令编制锥体车削循环加工时,"R"参数的正负由锥面起点与目标点的关系确定,若起点坐标比目标点的 X 坐标小,则"R"应取(   )。

A. 负值   B. 正值   C. 不一定

(3) 数控车床控制系统中,可以联动的两个轴是(   )。

A. Y, Z B. X, Z C. X, Y D. X, C

(4) "G96 S150;"表示切削点线速度控制在(   )。

A. 150 m/min   B. 150 r/min   C. 150 mm/min   D. 150 mm/r

(5) 下列 G 指令中,(   )是非模态指令。

A. G00   B. G01   C. G04

(6) 设在程序"G01 X30 Z6;"后,执行"G91 G01 Z15;",Z 方向实际移动量为(   )。

A. 9 mm   B. 21 mm   C. 15 mm

2. 判断题(请将判断结果填入括号中,正确的填"√",错误的填"×")

(1) G00、G01 指令都能使机床坐标轴准确到位,因此它们都是插补指令。   (   )

(2) 车床的进给方式分每分钟进给和每转进给两种,一般可用 G94 和 G95 区分。   (   )

(3) 单一固定循环方式可对零件的内、外圆柱面及内、外圆锥面进行粗车。   (   )

(4) "G04 X3.0;"表示暂停 3 s。   (   )

(5) G98 功能为每转进给,G99 功能为每分钟进给。　　　　　　　(　)
(6) G00 指令是不能用于进给加工的。　　　　　　　　　　　　(　)

3. 在数控车床上加工如图 4-15 所示的工件,毛坯为在图示工件基础上留有加工余量 1 mm,φ50 mm 处无须加工,材料 45 钢。要求设计加工工艺,完成工艺卡,编写加工程序。

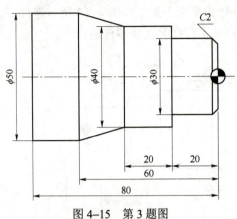

图 4-15　第 3 题图

项目 5　圆弧成型面零件加工与编程

典型案例：在 FANUC 0I Mate–TC 数控车床上加工如图 5-1 所示零件，设毛坯是 $\phi 60$ mm×160 mm 的棒料，材料为 45 钢。

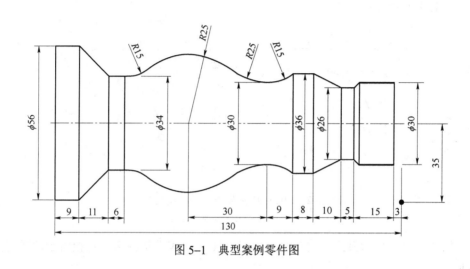

图 5-1　典型案例零件图

5.1　技 能 解 析

（1）掌握 FANUC 0I Mate–TC 数控系统的圆弧插补指令 G02、G03 和刀尖圆弧半径补偿指令的应用，理解刀具补偿的意义。

（2）了解数控车床加工较为复杂的轴类零件特点，并能够正确地对零件进行数控车削工艺分析。

（3）通过对带圆弧段轴类零件的加工，掌握数控车床的编程技巧。

5.2　相 关 知 识

5.2.1　圆弧插补指令（G02、G03）

功能：圆弧插补指令是使刀具在指定的平面内，按给定的进给速度从圆弧的起点沿圆弧移动到圆弧的终点,切削出母线为圆弧曲线的回转体。

G02:顺时针圆弧插补指令。

G03:逆时针圆弧插补指令。

格式一:

$\begin{Bmatrix} G02 \\ G03 \end{Bmatrix} X(U)\_Z(W)\_R\_F\_;$

格式二:

$\begin{Bmatrix} G02 \\ G03 \end{Bmatrix} X(U)\_Z(W)\_I\_K\_F\_;$

说明:各参数值见图 5-2。

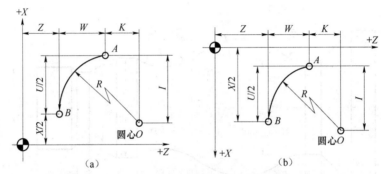

图 5-2 G02/G03 圆弧插补指令参数说明

(a) 后置刀架;(b) 前置刀架

(1)"X""Z"是圆弧终点的绝对坐标值,"U""W"是圆弧终点相对于圆弧起点的坐标增量值。

(2)"R"是切削圆弧的半径值。圆弧圆心角小于等于 180°时 R 值取正,圆弧圆心角大于 180°时 R 值取负。但在数控车床中,由于刀架结构的原因,圆弧一般不超过 180°。

(3)"I""K"是圆弧圆心相对于圆弧起点在 X、Z 方向上的坐标增量值(I 值用半径差值表示)。无论使用绝对值编程还是增量方式编程,I、K 值始终为增量值。

(4)"F"是圆弧切削两轴合成进给速度。

(5)顺时针圆弧和逆时针圆弧的判断:首先根据右手定则确定工件坐标系的三个坐标轴,然后沿着 Y 轴的正方向向负方向看 XOZ 平面上的圆弧线,从起点到终点顺时针方向用 G02,逆时针方向用 G03。如图 5-3 所示。

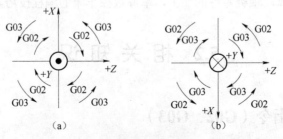

图 5-3 圆弧方向的判断

(a) 后置刀架;(b) 前置刀架

由图 5-3 可以看出，由于数控车床刀架位置的不同，使得 X 轴正方向不同（图 5-3（a）所示为后置刀架坐标系，图 5-3（b）所示为前置刀架坐标系），因此顺圆逆圆方向不同，即前置刀架和后置刀架的圆弧顺逆方向判别是不同的，即：

后置刀架：顺时针圆弧 G02（CW），逆时针圆弧 G03（CCW）。

前置刀架：顺时针圆弧 G03（CW），逆时针圆弧 G02（CCW）。

例：如图 5-4 所示圆弧段，无论采用前置刀架加工还是后置刀架加工，圆弧段程序的编写如下：

1. 使用指令格式一编程

（1）绝对值编程：

G02 X50.0 Z-20.0 R25.0 F0.3；

（2）增量值编程：

G02 U20.0 W-20.0 R25.0 F0.3；

可见这样规定对于同一个工件无论是前置刀架加工还是后置刀架加工，所使用的程序都是相同的。

2. 使用指令格式二编程

（1）绝对值编程：

G02 X50.0 Z-20.0 I25.0 K0 F0.3；

（2）增量值编程：

G02 U20.0 W-20.0 I25.0 K0 F0.3；

例 1　如图 5-5 所示球柄零件，选用外圆车刀，编程原点在右端面中心，编制精加工程序，见表 5-1。

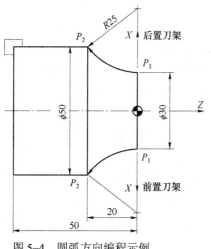

图 5-4　圆弧方向编程示例

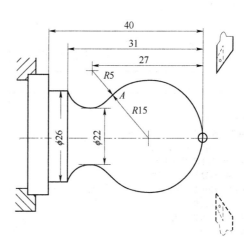

图 5-5　圆弧插补示例 1

表 5-1　圆弧插补示例 1 数控加工程序

程　序	说　明
O2003 N010 T0101； N020 M03 S400；	程序名

程　　序	说　　明
N030 G50 S1500; N040 G96 S40; N050 G00 X0.0 Z5.0; N060 G01 Z0.0 F60.0; N070 G03 X24.0 Z–24.0 R15.0; N080 G02 X26.0 Z–31.0 R5.0; N090 G97 S400; N100 G01 Z–40.0; N110 X40.0; N120 G00 X100.0 Z50.0; N130 M05 N140 M30;	加工 R15 mm 的圆弧面 加工 R5 mm 的圆弧面

例2　如图5-6所示零件，选择内孔为25 mm、外形尺寸为ϕ60 mm×80 mm的毛坯棒料。选择内孔车刀作为孔加工刀具，编程原点在右端面中心，编制程序见表5-2。

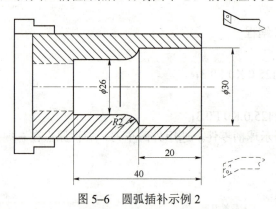

图5-6　圆弧插补示例2

表5-2　圆弧插补示例2数控加工程序

程　　序	说　　明
O1111 N010　T0101; N020　M03 S400; N030　G00 X30.0 Z3.0; N050　G01 Z–20.0 F60; N060　G02 X26.0 Z–22.0 R2; N070　G01 Z–40.0; N080　X24.0; N090　G00 Z50.0; N100　X100.0; N110　M05; N120　M30;	程序名 孔定位加工ϕ30 mm 的内孔 Z 向进刀 加工 R2 mm 的圆弧 加工ϕ26 mm 的内孔 车孔底 Z 向退刀 X 向退刀

5.2.2　刀具补偿功能指令

数控车床通常要连续进行各种切削，而且加工一个零件可能会用到多把刀具。因为各把刀具的几何形状不同以及安装在刀架不同位置，在换刀时前一把刀具的刀尖位置和新换刀具的刀尖位置会存在不同，而且刀具在切削过程中的磨损和刀尖圆弧半径存在，都会使得刀具的实际运动轨迹偏离于编程轮廓轨迹。因此，为了确保工件轮廓的准确性，同时也为了简化编程，加工过程中应采用刀具补偿功能。

所谓刀具补偿功能就是用来补偿刀具实际安装位置（或实际刀尖圆弧半径）与理论编程位置（或刀尖圆弧半径）之差的一种功能。使用刀具补偿后，若改变刀具，只需要改变刀具位置补偿值，而不必变更零件加工程序，可以大大简化编程，同时也能提高工件的加工精度。

刀具补偿功能包括刀具几何补偿（或称位置补偿）和刀尖圆弧半径补偿。

1. 刀具几何补偿

刀具几何补偿包括刀具位置偏置补偿和刀具磨损补偿。

车床编程轨迹实际上是刀尖的运动轨迹，但实际上不同刀具的几何尺寸、安装位置各不相同，其刀尖点相当于刀架中心的位置也不同。因此，需要将各个刀具刀尖点的位置进行测量设定，通过系统对刀具位置的偏置补偿，使刀尖的运行位置能够和编程运动的轨迹相符，这个过程叫对刀。

图 5-7 所示为刀具的位置补偿。

刀具磨损补偿是用来补偿刀具使用磨损后刀具尺寸与原始尺寸的误差，如图 5-8 所示。

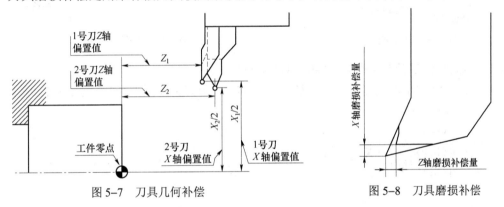

图 5-7 刀具几何补偿　　　　图 5-8 刀具磨损补偿

刀具几何补偿是由 T 代码来实现的，T 代码后面跟四位数字。前两位表示刀具号，后两位表示刀具补偿号。刀具补偿号实际上就是刀具补偿寄存器的地址号，该寄存器中放有刀具的位置偏置量和磨损量。

如：T0102 表示调用第 01 号刀，调用第 02 组刀具磨损和刀具位置偏置。

刀具偏移号有两种意义：用来开启偏移功能及指定与该号对应的偏移距离。当刀具补偿号为 00 时，表示不进行刀具补偿或取消刀具补偿。

当刀具磨损后或工件尺寸有误差时，只要修改每把刀具相应寄存器里的数值即可。

例如：若工件加工后，外圆直径比要求尺寸大了或小了 0.02 mm，则可以用 U-0.02 或 U+0.02 修改相应寄存器中的数值。

当长度方向上出现误差时，修改方法是一样的。

可以看出，刀具偏移可以根据实际需要，分别或同时对刀具轴向和径向的偏移量进行修正，简化编程。

2. 刀尖圆弧半径补偿

在车削加工中，为了提高刀具寿命并降低加工表面的表面粗糙度，实际加工中刀具的刀尖处制成圆弧过渡刃，且有一定的半径值。但在编程中，一般是按假想刀尖来进行编程的，而在实际车削中真正起作用的切削刃是圆弧与工件轮廓表面的切点。如图 5-9 所示。

当用按理论刀尖编出的程序进行端面、外径、内径等与轴线平行或垂直的表面加工时，是不会产生误差的。但在进行倒角及锥面和圆弧切削时，由于刀尖圆弧 R 的存在，实际车出的工件形状就会和零件图样上的尺寸不重合，如图 5-10 所示。图中虚线是实际编程轨迹，在 P_3 点到 P_4 点、P_5 点到 P_6 点产生了少切现象，在 P_7 点到 P_8 点产生了过切现象。如果工件尺寸要求不高，此量可以忽略不计；如果工件要求很高，则应考虑刀尖圆弧半径对工件表面形状及尺寸的影响。

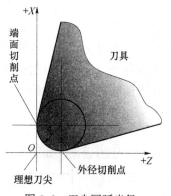
图 5-9 刀尖圆弧半径

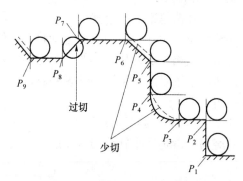
图 5-10 车削锥面时的加工误差

1) 刀尖圆弧半径补偿指令（G40、G41、G42）

功能：G40 用于取消刀尖圆弧半径补偿；G41 用于刀尖圆弧半径左补偿；G42 用于刀尖圆弧半径右补偿。

格式：$\begin{Bmatrix} G40 \\ G41 \\ G42 \end{Bmatrix} \begin{Bmatrix} G00 \\ G01 \end{Bmatrix} X\_\_ Z\_\_ ;$

说明：

（1）"X""Z"为建立或取消刀具补偿程序段中，刀具移动的终点坐标。

（2）补偿方向的判别，从垂直加工平面坐标轴的正方向朝负方向看，沿着刀具运动的方向（假定工件不动），刀具位于工件左侧的补偿称为左刀补，用 G41 指令表示；刀具位于工件右侧的补偿称为右刀补，用 G42 表示。如图 5-11 和图 5-12 所示。

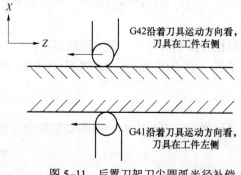
图 5-11 后置刀架刀尖圆弧半径补偿

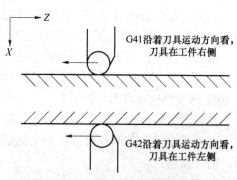
图 5-12 前置刀架刀尖圆弧半径补偿

(3) G40/G41/G42 指令只能和 G00/G01 结合使用，不允许与圆弧指令等其他指令结合使用。

(4) 在编写 G40/G41/G42 的 G00/G01 前后两个程序段中，X、Z 至少有一个值变化。

(5) 在调用新刀具前必须用 G40 取消补偿，并且在使用 G40 之前刀具必须离开工件加工表面。

2）刀具半径补偿的执行过程（见图 5-13 和图 5-14）

刀具半径补偿的执行过程分为三步：

(1) 刀具半径补偿的建立，即使刀尖圆弧中心从与编程轨迹重合过渡到与编程轨迹偏离一个刀尖圆弧半径的过程（偏移量必须在一个程序段的执行过程中完成，并且不能省略）。

(2) 刀具半径补偿的执行，即执行有 G41 或 G42 的程序段后，刀具中心始终与编程轨迹相距一个偏移量（G41、G42 不能重复使用）。

(3) 刀具半径补偿的取消，即刀具离开工件，刀具中心轨迹过渡到与编程轨迹重合的过程。

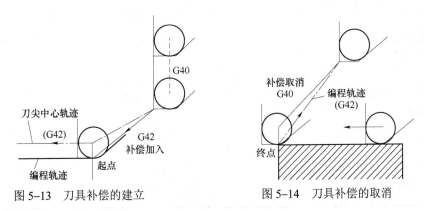

图 5-13 刀具补偿的建立　　图 5-14 刀具补偿的取消

3）刀尖方位号

如图 5-15 和图 5-16 所示，对应每把刀具的补偿包括几何偏置补偿 X、Z，刀尖圆弧半径补偿值 R 和刀尖方位号。如果刀具的刀尖形状和切削时所处的位置不同，则刀具的补偿量和补偿方向也不同。因此，假想刀尖的方位必须同刀尖圆弧半径补偿值同时进行设定。

刀尖方位号共有九种，分别用 0～8 表示，当刀位点取刀尖圆弧半径中心时，刀位号取 0，也可以说是无半径补偿。

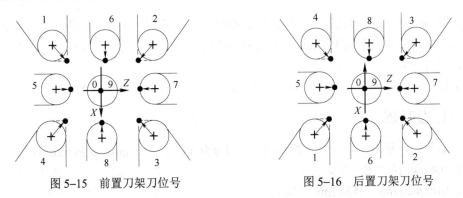

图 5-15 前置刀架刀位号　　图 5-16 后置刀架刀位号

例 3 用刀尖半径为 0.8 mm 的车刀精加工如图 5-17 所示的外径,程序见表 5-3。

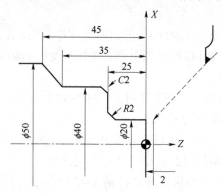

图 5-17 刀具半径补偿示例 3

表 5-3 刀具半径补偿示例 3 数控加工程序

程　序	说　明
O0202	程序名
N2 G00 G40 G97 G99 M03 S800 T0101;	设置转速,选择 01 号刀具,调用 01 号刀补
N6 G00 X20.0 Z2.0;	
N8 G41 G01 Z1 F80;	建立刀补
N10 Z-23.0;	车 $\phi 20$ mm 外圆
N12 G02 X24.0 Z-25.0 R2;	车 R2 mm 圆弧
N14 G01 X36.0;	
N16 X40.0 Z-27.0;	车 C2 倒角
N18 Z-35.0;	车 $\phi 40$ mm 外圆
N20 X50.0 Z-45.0;	车左端斜面
N22 Z-48.0;	车 $\phi 50$ mm 外圆
N24 G40 G00 X52.0 Z3.0;	取消刀补
N28 M30;	

5.3 工艺分析及数据计算

5.3.1 零件工艺分析及尺寸计算

对如图 5-1 所示的细长轴类零件,以轴心线为工艺基准,用三爪定心卡盘夹持 $\phi 56$ mm 外圆一头,使工件伸出卡盘 137 mm,用顶尖顶持另一头,一次装夹完成粗、精加工(注:切断时将顶尖退出)。

以工件左端面与轴心线的交点 O 为工件原点,建立 XOZ 工件坐标系。

5.3.2 工艺方案

(1) 车外圆,基本采用阶梯切削路线,粗车 $\phi 56$ mm、R25 mm、$\phi 36$ mm 外圆及右端倒角等,留 0.4 mm 精加工余量。

(2) 切槽 $\phi 26$ mm、$\phi 34$ mm 外圆。

（3）精车工件右端φ30 mm、φ26 mm外圆，并粗、精加工中间圆弧段。

5.3.3 选择刀具及切削用量

1. 刀具的选择

根据加工要求选用的刀具见表5-4。

表5-4 刀具选择

序号	刀具号	刀具类型	刀具规格/mm	数量	加工表面
1	T0101	90°外圆车刀	R0.4	1	粗车φ56 mm、R25 mm、φ36 mm外圆和倒角
2	T0202	35°外圆车刀	R0.2	1	精车各外圆和中间圆弧面
3	T0303	切断刀	宽3	1	加工退刀槽、切断

2. 切削用量的选择

根据加工要切削用量的选择见表5-5。

表5-5 切削用量

操作序号	工步内容	刀具号	切削用量		
			主轴转速 /（r·min^{-1}）	进给速度 /（mm·r^{-1}）	背吃刀量 /mm
1	车端面	T0101	800	80	1
2	粗车圆柱面、倒角	T0101	800	80	2
3	精车小直径外圆	T0303	400	20	
4	精车圆柱面、倒角	T0202	1 200	80	0.4
5	精车圆弧面	T0202	1 200	80	
6	切断	T0303	400	0.05	

5.4 程序编制

工件加工程序编制见表5-6。

表5-6 图5-1所示的细长轴类零件加工程序

程　序	说　明
O0151 N2 T0101 M03 S800； N4 G00 X70.0 Z130.0； N6 G01 Z127.0 F80； N8 X-0.5； N10 G00 Z130.0； N12 X56.2； N14 G01 Z0 F80； N16 G00 X58.0；	程序名 选90°外圆车刀 车端面 粗车外圆φ56 mm

续表

程　序	说　明
N18 Z130.0;	
N20 G01 X50.5;	慢速进刀
N22 Z14.0;	粗车外圆
N24 G00 X52.0;	
N26 Z130.0;	
N28 G01 X44.0;	慢速进刀
N30 Z70.0;	粗车外圆
N32 G00 X46.0;	
N34 Z130.0;	
N36 G01 X40.0;	慢速进刀
N38 Z70.0;	粗车外圆
N40 G00 X42.0;	
N42 Z130.0;	
N44 G01 X36.2 F80;	
N46 Z75.0;	
N48 G00X38.0;	
N50 Z130.0;	
N52 G01 X28.5 F80;	
N54 X30.5 Z125.0;	倒角
N56 Z104.0;	
N58 G00 X90.0;	
N60 Z200.0;	
N62 T0303 M03 S400;	换切断刀切槽
N64 G00 Z107.0;	
N66 X32.0;	
N68 G01 X26.2 F20;	切槽ϕ26 mm
N70 G00 X52.0;	
N72 Z20.0;	
N74 G01 X34.2;	切槽ϕ34 mm
N76 G01 X52.0 F80;	
N78 G00 Z200.0;	
N80 T0202 S1200;	换35°外圆车刀
N82 G00 X32.0 Z127.0;	
N84 G01 X30.0 F80;	
N86 Z114.0;	精车外圆ϕ30 mm
N88 X26.0 Z112.0;	倒角
N90 Z107.0;	精车外圆ϕ26 mm
N92 X36.0 Z97.0;	精车锥度
N94 Z89.0;	精车外圆ϕ36 mm
N96 X54.0 Z50.0;	
N98 X38.0 Z26.0;	
N100 Z20.0;	
N102 X58.0 Z9.0;	
N104 G00 Z90;	
N106 G01 X36.0 F80;	
N108 Z89;	
N110 G02 X30.0 Z80.0 R15.0;	精车顺圆弧 R15 mm
N112 G02 X40.0 Z65.0 R25.0;	精车顺圆弧 R25 mm
N114 G03 X40.0 Z35.0 R25.0;	精车逆圆弧 R25 mm
N116 G02 X34.0 Z26.0 R15;	精车顺圆弧 R15 mm
N118 G01 Z20.0;	精车外圆ϕ34 mm
N120 X56 Z9.0;	精车锥度
N122 Z0;	精车外圆ϕ56 mm
N124 G00 X60.0 Z140.0;	
N126 T0303 M03 S400;	
N128 G00 Z−5.0;	
N130 G01 X−0.5 F20;	切断
N132 M30;	程序结束

5.5 实训内容

在 FANUC 0I Mate-TC 数控车床上使用圆弧插补和半径补偿指令,加工如图 5-18 所示的工件,毛坯为 ϕ50 mm×1 000 mm 棒料,材料尼龙。要求设计加工工艺,完成工艺卡,编写加工程序,完成程序卡,并对加工程序进行仿真和调试。注意提高加工效率。

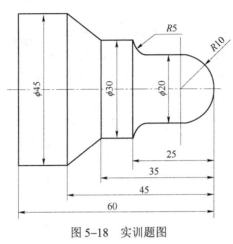

图 5-18 实训题图

5.6 自测题

1. 选择题(请将正确答案的序号填写在括号中)

(1)圆弧插补指令"G03 X___Y___R___;"中,X、Y 后的值表示圆弧的( )。
A. 起点坐标值　　　　B. 终点坐标值　　　　C. 圆心坐标相对于起点的值

(2)"G02 X20 Y20 R-10 F100;"所加工的一般是( )。
A. 整圆　　　　　　　　　　　　B. 夹角≤180°的圆弧
C. 180°≤夹角≤360°的圆弧

(3)用 FANUC 系统的指令编程,程序段"G02 X___Y___I___J___;"中的 G02 表示( ),I 和 J 表示( )。
A. 顺时针插补,圆心相对起点的位置
B. 逆时针插补,圆心的绝对位置
C. 顺时针插补,圆心相对终点的位置
D. 逆时针插补,起点相对圆心的位置

(4)圆弧切削用 I、J 表示圆心位置时,是以( )表示。
A. 增量值　　　　B. 绝对值　　　　C. G80 或 G81　　　　D. G98 或 G99

(5)程序中指定了( )时,刀具半径补偿被撤销。
A. G40　　　　　　B. G41　　　　　　C. G42

2. 判断题（请将判断结果填入括号中，正确的填"√"，错误的填"×"）

（1）顺时针圆弧插补（G02）和逆时针圆弧插补（G03）的判别方向是：沿着不在圆弧平面内的坐标轴正方向向负方向看去，顺时针方向为G02，逆时针方向为G03。（　）

（2）刀具补偿功能包括刀补的建立和刀补的执行两个阶段。（　）

（3）当圆弧插补用半径编程，圆弧所对应的圆心角大于180°时半径取负值。
（　）

（4）在圆弧插补中，对于整圆，其起点和终点相重合，用R编程无法定义，所以只能用圆心坐标编程。（　）

（5）圆弧插补运动的实际插补轨迹始终不可能与理想轨迹完全相同。（　）

3. 在FANUC 0I Mate-TC数控车床上使用圆弧插补和半径补偿指令，加工如图5-19所示零件，设毛坯是φ80 mm×50 mm的棒料，材料为45钢，要求设计加工工艺，完成工艺卡，编写加工程序，完成程序卡。

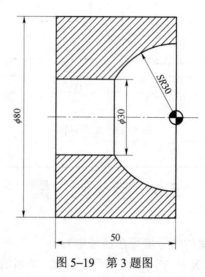

图5-19　第3题图

项目 6 数控车螺纹加工与编程

典型案例：在 FANUC 0I Mate-TC 数控车床上加工如图 6-1 所示螺纹球形轴，设毛坯是 $\phi 52\ mm \times 130\ mm$ 的棒料，材料为 45 钢。

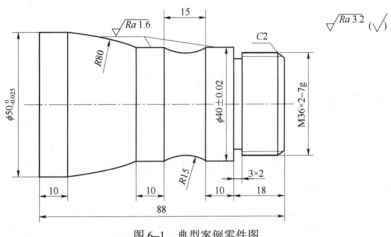

图 6-1 典型案例零件图

6.1 技 能 解 析

（1）掌握 FANUC 0I Mate-TC 数控系统的单行程车削螺纹指令 G32、螺纹切削单一循环指令 G92、车螺纹复合循环指令 G76 的应用。

（2）了解螺纹车刀的选用、车螺纹切削用量的选择，掌握车螺纹的走刀路线设计及各主要尺寸的计算。

（3）了解数控车床加工螺纹零件的特点，并能够正确地对螺纹零件进行数控车削工艺分析及编制数控程序。

6.2 相 关 知 识

6.2.1 车螺纹的走刀路线设计及尺寸计算

1. 车螺纹的走刀路线设计

车螺纹时，刀具沿轴向的进给应与工件旋转保持严格的速比关系。考虑到刀具从停止状态加速到指定的进给速度或从指定的进给速度降至零时,驱动系统有一个过渡过程,因此,刀具沿轴向进给的加工路线长度,除保证螺纹加工的长度外,两端必须设置足够的升速进刀段(空刀导入量)δ_1和减速退刀段(空刀导出量)δ_2,如图 6-2 所示。

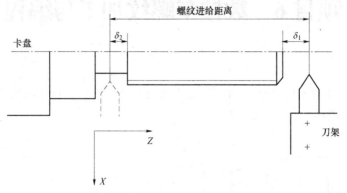

图 6-2 螺纹空刀导入、导出量

δ_1、δ_2 一般按下式选取:

$$\delta_1 \geq 2 \times 导程,\quad \delta_2 \geq (1 \sim 1.5) \times 导程$$

以便保证螺纹切削时,在升速完成后才使刀具接触工件,在刀具离开工件后再开始降速。若螺纹收尾处没有退刀槽,则收尾处的形状与数控系统有关,一般按 45°退刀收尾。

2. 车螺纹各主要尺寸的计算

车螺纹时,根据图纸上的螺纹尺寸标注,可以知道螺纹的公称直径、头数、导程、螺距 P(螺距=导程/头数)以及加工尺寸等级。在编写数控加工程序时,必须根据经验公式计算出螺纹的实际大径、小径、牙型高度,以便进行精度控制。

以普通螺纹为例,其参数计算如下:

1)外螺纹尺寸

实际切削外圆直径:

$$d_{实际} = d - 0.1P$$

螺纹牙型高度:

$$h = 0.65P$$

螺纹小径:

$$d_1 = d - 1.3P$$

2)内螺纹尺寸

实际切削内孔直径:

$$D_{实际} = D - P \text{(塑性材料)}$$

$$D_{实际} = D - (1.05 \sim 1.1)P \text{(脆性材料)}$$

螺纹牙型高度:

$$h = 0.65P$$

螺纹大径:

$$D_{大} = D$$

螺纹小径:

$$D_{小} = D - 1.3P$$

3. 螺纹切削起始位置的确定

在一个螺纹的整个切削过程中，螺纹起点的 Z 坐标值应始终定为一个固定值，否则会使螺纹"乱扣"。

6.2.2 车螺纹切削用量的选择

1. 背吃刀量和进给次数的确定

螺纹数控车削加工的常用方法有 3 种：一种是直进法，如图 6-3（a）所示；一种是左右切削法，如图 6-3（b）所示；另一种是斜进法，如图 6-3（c）所示。

直进法使用刀具双侧刃切削，切削力较大，一般用于螺距或导程小于 3 mm 的螺纹加工；左右切削法精车螺纹可以使螺纹的两侧都获得较小的表面粗糙度；斜进法使用刀具单侧刃切削，切削力较小，一般用于工件刚性低、易振动的场合，主要用于不锈钢等难加工材料，或螺纹螺距（或导程）大于 3 mm 的螺纹加工。

当螺纹的牙型深度较深、螺距较大时，可分数次进给，切深的分配方式有常量式和递减式，如图 6-4 所示，一般采用递减式。进给次数和进刀量（背吃刀量）的大小会直接影响螺纹的加工质量，具体参考表 6-1 和表 6-2。

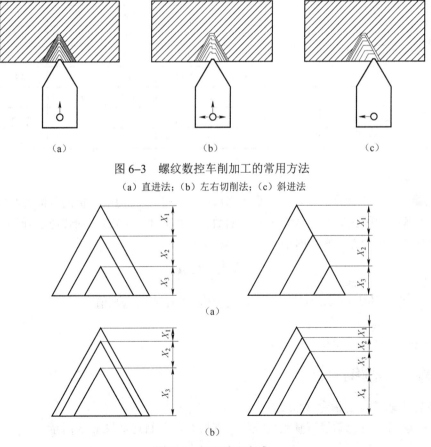

图 6-3 螺纹数控车削加工的常用方法
（a）直进法；（b）左右切削法；（c）斜进法

图 6-4 切深分配方式
（a）常量式（$X_1=X_2=X_3$）；（b）递减式（$X_1<X_2<X_3<X_4$）

表6–1 常用公制螺纹切削的进给次数与背吃刀量（直径值）　　　　　　　　　mm

	螺距	1.0	1.5	2.0	2.5	3.0	3.5	4.0
	牙深	0.649	0.974	1.229	1.624	1.949	2.273	2.598
背吃刀量和进给次数	1次	0.7	0.8	0.9	1.0	1.2	1.5	1.5
	2次	0.4	0.6	0.6	0.7	0.7	0.7	0.8
	3次	0.2	0.4	0.6	0.6	0.6	0.6	0.6
	4次		0.16	0.4	0.4	0.4	0.6	0.6
	5次			0.1	0.4	0.4	0.4	0.4
	6次				0.15	0.4	0.4	0.4
	7次					0.2	0.2	0.4
	8次						0.15	0.3
	9次							0.2

表6–2 英制螺纹切削的进给次数和背吃刀量（直径值）　　　　　　　　　in①

	牙数/（牙·in⁻¹）	24	18	16	14	12	10	8
	牙深	0.678	0.904	1.016	1.162	1.335	1.626	2.033
背吃刀量和进给次数	1次	0.8	0.8	0.8	0.8	0.9	1.0	1.2
	2次	0.4	0.6	0.6	0.6	0.6	0.7	0.7
	3次	0.16	0.3	0.5	0.5	0.6	0.6	0.6
	4次		0.11	0.14	0.3	0.4	0.4	0.5
	5次				0.13	0.21	0.4	0.5
	6次						0.16	0.4
	7次							0.17

2. 主轴转速的确定

车削螺纹时，车床的主轴转速将受到螺纹螺距大小、驱动电动机的升降频特性及螺纹插补运算速度等多种因素影响，故对于不同的数控系统，有不同的主轴转速选择范围。大多数卧式车床数控系统推荐车螺纹时的主轴转速如下：

$$n \leqslant \frac{1200}{P} - K \qquad (6-1)$$

式中：P——零件的螺距（mm），英制螺纹为相应换算后的毫米值；

　　　K——安全系数，一般取80；

　　　n——主轴转速，单位为r/min。

6.2.3　螺纹车削编程指令

1. 单行程螺纹切削指令（G32）

功能：该指令用于车削等螺距直螺纹、锥螺纹，其轨迹如图6-5所示。

---

① 1 in=2.54cm。

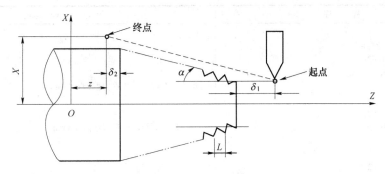

图 6-5　车螺纹示意图

格式：G32　X（U）__Z（W）__F__；

程序中，X（U），Z（W）——螺纹终点坐标，圆柱螺纹切削时 X（U）可省略，端面螺纹切削时 Z（W）可省略；

F——螺纹导程，如果是单线螺纹，则为螺纹的螺距大小，单位为 mm。

说明：

（1）螺纹切削应在两端设置足够的升速进刀段（空刀导入量）δ_1 和减速退刀段（空刀导出量）δ_2。

（2）加工多头螺纹时，在加工完一个头后，将车刀用 G00 或 G01 方式移动一个螺距，再按要求编程加工下一个头的螺纹。

（3）车螺纹期间的进给速度倍率、主轴速度倍率无效（固定100%）。

（4）车螺纹期间不宜使用恒线速度控制，而要使用恒转速控制功能 G97。

（5）车螺纹期间，必须设置升速进刀段和降速退刀段。

（6）因受机床结构及数控系统的影响，车螺纹时主轴的转速有一定的限制。

（7）车螺纹期间，进给暂停功能无效，如果在螺纹切削过程中按下进给暂停按钮，刀具将在执行了非螺纹切削的程序段后停止。

例：如图 6-6 所示，用 G32 进行圆柱螺纹切削，数控加工程序见表 6-3。

设定升速段为 5 mm，降速段为 2 mm。螺纹实际小径 $d_1=d-1.3P=30-1.3\times2=27.4$（mm）。

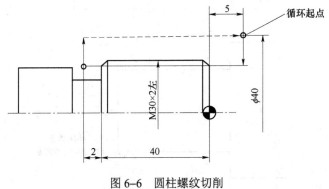

图 6-6　圆柱螺纹切削

表 6-3 用 G32 编写的数控加工程序

程 序	说 明
...	
N020 G00 X29.1 Z5.0;	
N030 G32 Z–42.0 F2;	
N040 G00 X32.0;	第一次车螺纹，背吃刀量为 0.9 mm
N050 Z5.0;	
N060 X28.5;	
N070 G32 Z–42.0 F2;	
N080 G00 X32.0;	第二次车螺纹，背吃刀量为 0.6 mm
N090 Z5.0;	
N100 X27.9;	
N110 G32 Z–42.0 F2;	
N120 G00 X32.0;	第三次车螺纹，背吃刀量为 0.6 mm
N130 Z5.0;	
N140 X27.5;	
N150 G32 Z–42.0 F2;	
N160 G00 X32;	第四次车螺纹，背吃刀量为 0.4 mm
N170 Z5.0;	
M180 X27.4;	
N190 G32 Z–42.0 F2;	
N200 G00 X32.0;	最后一次车螺纹，背吃刀量为 0.1 mm
N210 Z5.0;	
...	

2. 螺纹切削单一固定循环指令（G92）

功能：G92 是螺纹简单循环指令，只需指定每次螺纹加工的循环起点和螺纹终点坐标。该循环指令将"切入→螺纹切削→退刀→返回"4 个动作作为 1 个循环，用 1 个程序段来指定，可用来车削等距直螺纹和锥螺纹。

1）直螺纹切削

格式：G92　X（U）＿Z（W）＿F＿；

注：华中系统使用 G82 指令来表示螺纹切削循环，如

G82　X（U）＿Z（W）＿F＿；

程序中，X（U），Z（W）——螺纹终点坐标；

F——螺纹导程，如果是单线螺纹，则为螺纹的螺距大小。

用 G92 车直螺纹的轨迹如图 6-7 所示。

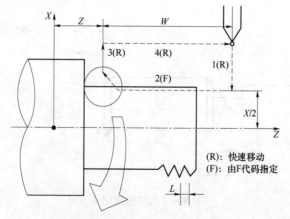

图 6-7　用 G92 车直螺纹示意图

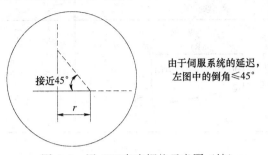

图 6-7 用 G92 车直螺纹示意图（续）

2）锥螺纹切削

格式：G92 X（U）_Z（W）_R_F_；

注：华中系统使用 G82 指令来进行锥螺纹切削循环，如"G82 X（U）_Z（W）_I_F_；"其中，I 的含义和使用方法与 R 相同。

程序中，X（U），Z（W）——螺纹终点坐标；

R——圆锥螺纹起点和终点的半径差，取值参见表 6-4。当圆锥螺纹起点坐标大于终点坐标时为正，反之为负。当加工圆柱螺纹时，R 为零，可省略；

F——螺纹导程，如果是单线螺纹，则表示螺纹的螺距大小。

用 G92 车锥螺纹轨迹如图 6-8 所示。

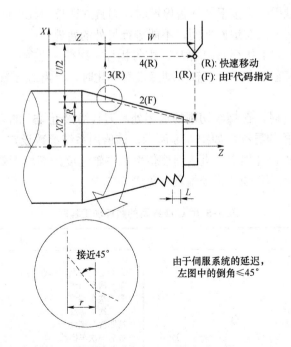

图 6-8 用 G92 车锥螺纹示意图

表 6-4 G92 编程时，R 值的正负与刀具轨迹的关系

序号	示 意 图	U, W, R 值
1	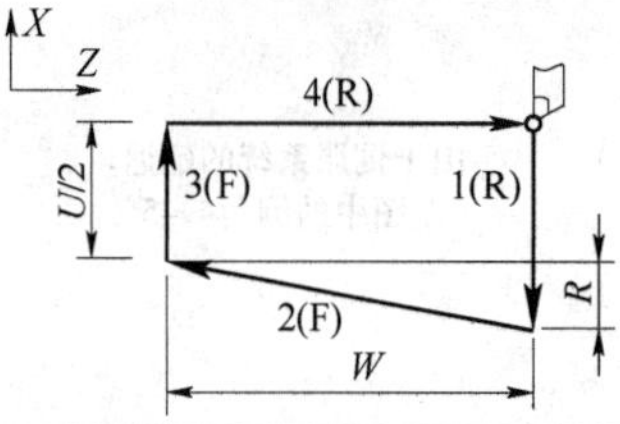	$U<0$ $W<0$ $R<0$
2	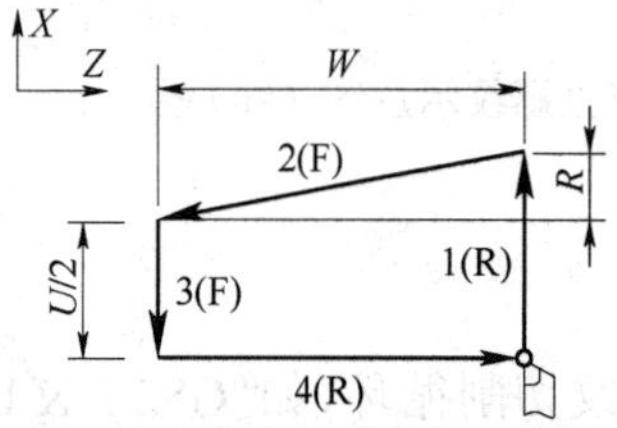	$U>0$ $W<0$ $R>0$
3	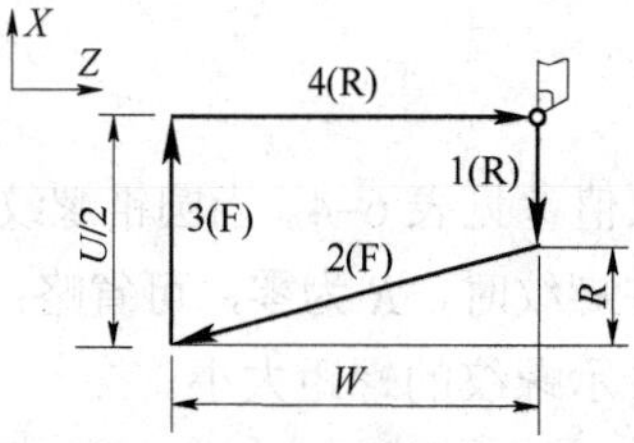	$U<0$ $W<0$ $R>0$

说明：

（1）在螺纹切削过程中，按下循环暂停键时，刀具立即按斜线退回，然后先回到 X 轴的起点，再回到 Z 轴的起点。在退回期间，不能进行另外的暂停。

（2）如果在单段方式下执行 G92 循环，则每执行一次循环必须按 4 次循环启动按钮。

（3）G92 指令是模态指令，当 Z 轴移动量没有变化时，只需对 X 轴指定其移动指令即可重复执行固定循环动作。

（4）执行 G92 循环时，在螺纹切削的退尾处，刀具沿接近 45° 的方向斜向退刀，Z 向退刀距离 r 为 0.1～12.7 倍的导程，如图 6-8 所示，该值由系统参数设定。

（5）在 G92 指令执行过程中，进给速度倍率和主轴速度倍率均无效。

例：如图 6-6 所示，用 G92 指令编程，见表 6-5。

表 6-5 用 G92 编写的数控加工程序

程　序	说　明
... N070 G00 X40.0 Z5.0; N080 G92 X29.1 Z-42.0 F2; N090 X28.5; N100 X27.9; N110 X27.5; N120 X27.4; N130 G00 X150.0 Z150.0; N140 Z5.0; ...	 刀具定位到循环起点 第一次车螺纹 第二次车螺纹 第三次车螺纹 第四次车螺纹 最后一次车螺纹 刀具回换刀点

3. 车螺纹复合循环（G76）

功能：G76 为螺纹切削复合循环指令，该指令用于多次自动循环车螺纹，数控加工程序中只需指定螺纹加工的循环起点和最后一刀螺纹终点坐标，并在指令中定义好有关参数，就能完成 1 个螺纹段的全部加工，如图 6-9 所示。

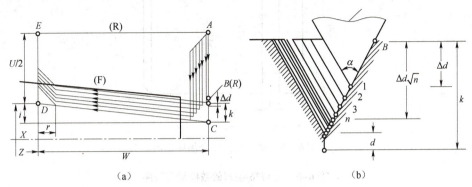

图 6-9　用 G76 车螺纹示意图
(a) 切削轨迹；(b) 参数定义

格式：G76　P($\underline{m}$)($\underline{r}$)($\underline{a}$)　QΔd_{min}　R$\underline{d}$；
　　　G76　X(U)＿ Z(W)＿ R$\underline{i}$　P$\underline{k}$　QΔd＿ F$\underline{L}$；

说明：

（1）m 是精车重复次数，从 01～99，该参数为模态量。

（2）r 是螺纹尾端倒角值，该值的大小可设置在 0.0～9.9L，系数应为 0.1 的整数倍，用 00～99 内的两位整数来表示，其中 L 为螺距，该参数为模态量。

（3）α 是刀具角度，可从 80°、60°、55°、30°、29°、0°六个角度中选择，用两位整数来表示，该参数为模态量。

（4）Δd_{min} 是最小车削深度，用半径值编程。车削过程中每次的车削深度为

$$\Delta d_n = \sqrt{n}\Delta d - \sqrt{n-1}\Delta d$$

当计算深度小于这个极限值时，车削深度锁定在这个值，该参数为模态量，单位为 μm。

（5）d 是精车余量，用半径值编程，该参数为模态量，单位为 μm。

（6）X（U）、Z（W）是螺纹终点坐标值。

（7）i 是螺纹锥度值，即锥螺纹大小头半径差，用半径值编程，若 $i=0$，则为直螺纹。

（8）k 是螺纹高度，用半径值编程，单位 μm。

（9）Δd 是第 1 次车削深度，用半径值编程，i、k、Δd 的数值应以无小数点形式表示，单位为 μm。

（10）L 是螺距，单位为 mm。

（11）G76 指令为非模态指令，所以必须每次指定。

（12）在执行 G76 时，如要进行手动操作，刀具应返回到循环操作停止的位置。如果没有返回到循环停止位置就重新启动循环操作，手动操作的位移将叠加在该条程序段停止时的位置上，刀具轨迹就多移动了一个手动操作的位移量。

例：在 FANUC 0I Mate-TC 数控车床上加工如图 6-10 所示零件，编程原点在右端面中

心，要求车端面、切槽、车螺纹，数控加工程序见表 6-6。

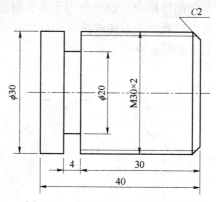

图 6-10　螺纹切削复合循环示例

表 6-6　用 G76 编写的数控加工程序

程　序	说　明
O6008 N2 T0101； N4 M03 S500； N6 G00 X150.0 Z150.0； N8 G00 X32.0 Z0； N10 G01 X0 F0.15； N12 G01 X26.0； N14 X29.8 Z-2.0； N16 Z-34.0； N18 G00 X150.0 N20 Z150.0； N22 T0202； N24 M03 S300； N26 G00 X32.0 Z-34.0； N28 G01 X20.0 F0.05； N30 G00 X150.0； N32 Z150.0； N34 T0303； N36 M03 S600； N38 G00 X32.0 Z3.0； N40 G76 P010060； N42 G76 X27.4 Z-32.0 P1200 Q400 F2； N44 G00 X150.0 Z150.0； N46 M05； N48 M30；	程序名 调用 01 号外圆刀 主轴正转，转速 500 r/min 刀具快速定位 快速定位，准备车端面 车平端面 准备倒角 车螺纹大径 回刀具起点 调用 02 号切槽刀 转速 300 r/min 切槽 回刀具起点 调用 03 号螺纹刀 转速 600 r/min 刀具定位到循环起点 车螺纹 回刀具起点 主轴停转 程序结束

6.3　工艺分析及数据计算

6.3.1　工艺分析及尺寸计算

1. 零件工艺分析

如图 6-1 所示的典型案例零件属于轴类零件，加工内容包括圆弧、圆柱、沟槽、螺纹、倒角，主要加工表面的加工精度等级为IT8，表面粗糙度为 $Ra3.2\ \mu m$，采用加工方法为粗车、半精车、精车。

确定毛坯的轴线和左端面为定位基准，采用三爪自定心卡盘装卡。编程原点选择在工件右端面的中心处。

2. 尺寸计算

$\phi 50_{-0.025}^{0}$ mm 外圆编程尺寸 $=50+\dfrac{0+(-0.025)}{2}=49.875$（mm）

$\phi 40$ mm ± 0.02 mm 外圆编程尺寸 $=40+\dfrac{0.020+(-0.020)}{2}=40$（mm）

M36×2-7g 螺纹尺寸：
外圆柱面的直径

$$d_{实际}=d-0.1P=36-0.1\times 2=35.8\text{（mm）}$$

螺纹实际牙型高度

$$h=0.65P=0.65\times 2=1.3\text{（mm）}$$

螺纹实际小径

$$d_1=d-1.3P=36-1.3\times 2=33.4\text{（mm）}$$

6.3.2 工艺方案

按加工过程确定走到路线如下：车端面→粗车各外圆→半精车各外圆→精车各外圆→切槽→车螺纹→切断。

如图 6-11 所示，粗车各外圆的走到路线为

$$1\to 2\to 3\to 4\to 5\to 6\to 7\to 8\to 9\to 10\to 11$$

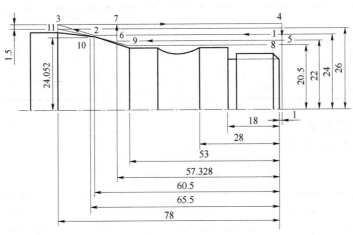

图 6-11 粗车各外圆的走刀路线

如图 6-12 所示，半精车各外圆的走刀路线为

$$a\to b\to c\to d\to e\to f\to g\to h$$

如图 6-13 所示，精车各外圆的走刀路线为

$$A\to B\to C\to D\to E\to F\to G\to H\to I$$

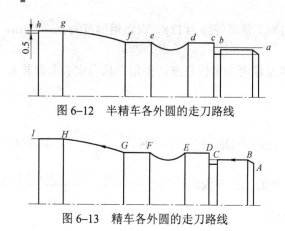

图 6-12 半精车各外圆的走刀路线

图 6-13 精车各外圆的走刀路线

如图 6-14 所示，切槽的走刀路线为 $K \to L \to K$。

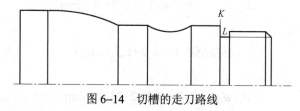

图 6-14 切槽的走刀路线

6.3.3 选择刀具及切削用量

1. 刀具的选择

根据加工要求选用的刀具见表 6-7。

表 6-7 轴加工选用的刀具

序号	刀具号	刀具类型	刀具规格/mm	数量	刀具用途
1	T0101	外圆机夹粗车刀（刀尖 55°）	R0.8	1	车端面，粗车、半精车各外圆
2	T0202	外圆机夹精车刀（刀尖 35°）	R0.4	1	精车各外圆
3	T0303	切断刀	宽 4	1	加工外螺纹退刀槽
4	T0404	螺纹刀	R0.2	1	加工外螺纹

2. 切削用量的选择

根据加工要求切削用量的选择见表 6-8。

表 6-8 切削用量

加工内容	主轴转速/(r·min^{-1})	进给速度/(mm·r^{-1})	背吃刀量/mm
车端面	800	0.2	1
粗车各外圆	800	0.2	2
半精车各外圆	800	0.2	
精车各外圆	1 200	0.1	0.5
切槽	600	0.05	
螺纹车削	500	螺距 2	
切断	400	0.05	

6.4 程序编制

如图6-1所示典型案例零件在配置前置式刀架的数控车床上加工，数控加工程序编制见表6-9。

表6-9 工件加工程序

程　序	说　明
O0605	程序名
N5 T0101；	换01号刀
N10 M03 S800；	主轴正转，800 r/min
N15 G00 X60.0 Z20.0；	刀具快速定位
N20 X56.0 Z0；	快速定位
N25 G01 X0 F0.2；	车端面
N30 Z1.0；	
N35 X48.0；	刀具移到1点
N40 Z-60.5；	刀具移到2点
N45 X55.0 Z-78.0；	刀具移到3点
N50 G00 Z1.0；	刀具移到4点
N55 X44.0；	刀具移到5点
N60 G01 Z-57.328；	刀具移到6点
N65 X55.0；	刀具移到7点
N70 G00 Z1.0；	刀具移到4点
N75 G01 X41.0；	刀具移到8点
N80 Z-53.0；	刀具移到9点
N85 X44.0 Z-57.328；	刀具移到6点
N90 X48.104 Z-65.5；	刀具移到10点
N95 X52.0 Z-78.0；	刀具移到11点
N100 G00 Z1.0；	
N105 X37.0；	刀具移到a点
N110 G01 Z-18.0；	刀具移到b点
N115 X41.0；	刀具移到c点
N120 Z-28.0；	刀具移到d点
N125 G02 U0 W-15.0 R15.0；	刀具移到e点
N130 G01 W-10.0；	刀具移到f点
N135 G03 U10.0 W-25.0 R80.0；	刀具移到g点
N140 G01 Z-91.0；	刀具移到h点
N145 X54.0；	
N150 G00 X150.0 Z100.0；	
N155 T0202；	换02号刀
N160 M03 S1200；	
N165 G00 X50.0 Z6.0；	
N170 G42 X30.0 Z1.0；	
N175 G01 X35.8 Z-2.0；	
N180 Z-18.0；	
N185 X40.0；	
N190 W-10.0；	
N195 G02 U0 W-15.0 R15.0；	
N200 G01 W-10.0；	
N205 G03 U10.0 W-25.0 R80.0；	

续表

程　序	说　明
N210 G01 Z–91.0； N215 X54.0； N220 G40 X60.0 Z–95.0； N225 G00 X150.0 Z100.0；	
N230 T0202；	换 02 号刀
N235 M03 S600； N240 G00 X42.0 Z–18.0；	
N245 G01 X32.0 F0.05；	切槽
N250 X42.0； N255 G00 X150.0 Z100.0；	
N260 T0404；	换 04 号刀
N265 M03 S500； N270 G00 X41.0 Z–17.0；	
N275 G92 X35.1 Z2.0 F2；	车螺纹
N280 X34.5； N285 X33.9； N290 X33.5； N295 X33.4； N300 G00 X150.0 Z100.0；	
N305 T0303；	换 03 号切断刀
N310 M03 S400； N315 G00 X54.0 Z–91.0；	
N320 G01 X1.0 F0.05；	切断
N325 X54.0； N330 G00 X150.0 Z100.0； N335 M05； N340 M30；	

6.5　实训内容

在 FANUC 0I Mate–TC 数控车床加工如图 6–15 所示零件，设毛坯是 $\phi 40$ mm×150 mm 的棒料，材料为 45 钢，要求编制数控加工程序并完成零件的加工。

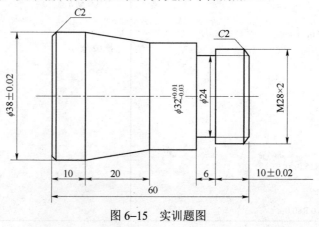

图 6–15　实训题图

6.6 自测题

1. 选择题（请将正确答案的序号填写在括号中）

（1）数控车削螺纹时，为保证车出合格的螺纹，（　　）。
A. 需要增加刀具引入/引出距离　　　　B. 不需要刀具引入/引出距离
C. 应增加螺纹长度　　　　　　　　　　D. 只需增加刀具引入距离

（2）用螺纹切削单一固定循环 G92 指令编制锥体车削循环加工时，"R"参数的正负由螺纹起点与目标点的关系确定，若起点坐标比目标点的 X 坐标小，则"R"应取（　　）。
A. 负值　　　　　B. 正值　　　　　C. 不一定

（3）从提高刀具耐用度的角度考虑，螺纹加工应优先选用（　　）。
A. G32　　　　B. G92　　　　C. G76　　　　D. G85

（4）在车削螺纹过程中，F 所指的进给速度单位为（　　）。
A. mm/min　　　　B. mm/r　　　　C. mm

（5）根据加工方法不同，螺纹加工有单行程、单次循环、多次循环螺纹切削。多次循环螺纹切削指令为（　　）。
A. G32　　　　B. G92　　　　C. G76

2. 判断题（请将判断结果填入括号中，正确的填"√"，错误的填"×"）

（1）螺纹指令"G32 X41.0 W–43.0 F1.5;"是以每分钟 1.5 mm 的速度加工螺纹的。　　　　　　　　　　　　　　　　　　　　　　　　　　　　（　　）
（2）G92 功能为螺纹切削加工，只能加工圆柱螺纹。　　　　　　（　　）
（3）螺纹切削多次循环指令 G76 中，m 表示精加工最终重复次数。（　　）
（4）G92 功能为封闭的螺纹切削循环，可加工直螺纹和锥螺纹。　（　　）
（5）在数控车床上车螺纹时，沿螺距方向的 Z 向进给应和车床主轴的旋转保持严格的速比关系。　　　　　　　　　　　　　　　　　　　　　　　（　　）

3. 车削如图 6-16 所示的工件，已知毛坯为 $\phi 30$ mm×100 mm 的棒料，材料为 45 钢，试编程。要求：

（1）确定加工方案；
（2）选择刀具；
（3）建立工件坐标系；
（4）编程。

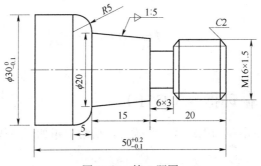

图 6-16　第 3 题图

项目 7　数控车内/外轮廓加工循环

典型案例：在 FANUC 0I Mate-TC 数控车床上（前置式刀架）加工如图 7-1 所示零件，设毛坯是 $\phi 52$ mm 的棒料，材料为 45 钢。

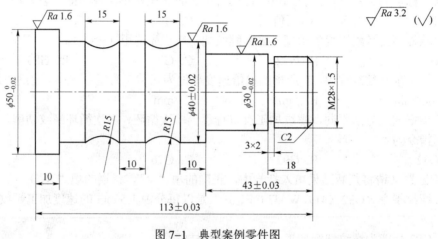

图 7-1　典型案例零件图

7.1　技　能　解　析

（1）掌握内/外径粗车循环指令 G71、端面粗车循环指令 G72、成形车削循环指令 G73 及精加工循环指令 G70 的应用。

（2）了解数控车床加工复杂轴类零件的特点，并能够正确地对复杂零件进行数控车削工艺分析。

（3）通过对复杂轴类零件的加工，掌握数控车床的编程技巧。

7.2　相　关　知　识

7.2.1　内/外径粗车循环指令（G71）

功能：该指令只须指定精加工路线，系统会自动给出粗加工路线，适于车削圆棒料毛坯，如图 7-1 所示。

格式：G71 UΔd　Re；

　　　　G71 Pns　Qnf　UΔu　WΔw　F__ S__ T__；

程序中，Δd——背吃刀量，半径值，且为正值；

　　　e——退刀量；

　　　ns——精车开始程序段号；

　　　nf——精车结束程序段号；

　　　Δu——X轴方向精加工余量，以直径值表示；

　　　Δw——Z轴方向精加工余量。

说明：

（1）粗车过程中程序段号为 ns～nf 内的任何 F、S、T 功能均被忽略，但对 G70 有效。

（2）在顺序号 ns～nf 的程序段中，不能调用子程序。

（3）车削的路径必须是单调增大或减小，即不可有内凹的轮廓外形。

（4）当使用 G71 指令粗车内孔轮廓时，须注意 Δu 为负值。

外圆粗车循环的加工路线如图 7-2 所示。图中 A' 为精车循环的起点，A 是毛坯外径与轮廓端面的交点，$\Delta u/2$ 是 X 方向的精车余量半径值，Δw 为 Z 方向的精车余量，e 为退刀量，Δd 为背吃刀量。

注：华中系统内/外径粗车循环指令 G71 格式如下：

　　G71 UΔd　Re　Pns　Qnf　XΔu　ZΔw　F__ S__ T__；

程序中，X、Z 含义和上述 U、W 相同，指令使用方法相同；不同之处在于华中系统执行完 G71 粗车循环后，自动执行 ns～nf 之间的精加工行，FANUC 系统需要使用 G70 指令来执行精加工行。

例如，要粗车图 7-3 所示短轴的外圆，假设粗车切削深度为 4 mm，退刀量为 0.5 mm，X 向精车余量为 2 mm，Z 向精车余量为 2 mm，加工程序见表 7-1。

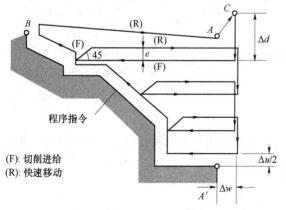

图 7-2　外圆粗车循环加工路线

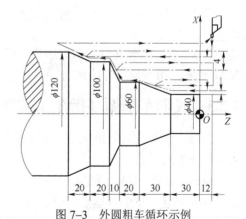

图 7-3　外圆粗车循环示例

表 7-1　用外圆粗车循环 G71 编写的数控加工程序

程　序	说　明
N010　T0101　M03　S450；	
N020　G00　G42　X125　Z12　M08；	起刀位置

续表

程 序	说 明
N030 G71 U4 R0.5;	外圆粗车固定循环
N040 G71 P50 Q110 U2 W2 F0.3;	
N050 G00 X40 Z6;	//ns 第一段，此段不允许有 Z 方向的定位
N060 G01 Z-30 F0.1;	
N070 X60 Z-60;	
N080 Z-80;	
N090 X100 Z-90;	
N100 Z-110;	
N110 X120 Z-130;	//nf 最后一段
N120 G00 G40 X200 Z140 M09;	
N130 M05;	主轴停
N140 M30;	程序结束

7.2.2 端面粗车循环指令（G72）

功能：此指令适用于车削直径方向的切除余量比轴向余量大的棒料。

格式：G72 UΔd　Re；
　　　G72 Pns　Qnf　UΔu　WΔw　F__ S__ T__；

说明：

（1）指令中各项的意义与 G71 相同。其刀具循环路径如图 7-4 所示。

（2）在 G72 指令中除 G71 指令中提到的注意事项外还需要注意一点，就是在 $ns\sim nf$ 程序段中不应编有 X 向移动指令。

注：华中系统内/外径粗车循环指令 G72 格式如下：

G72 WΔd　Re　Pns　Qnf　XΔu　ZΔw　F__ S__ T__；

其中，W、X、Z 含义分别和上述第一行 U 及第二行 U 和 W 相同，指令使用方法相同。

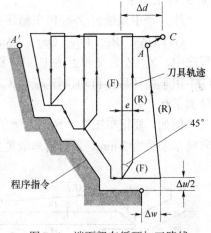

图 7-4 端面粗车循环加工路线

7.2.3 成形车削循环指令（G73）

功能：该指令只须指定精加工路线，系统会自动给出粗加工路线，适于车削铸造、锻造类毛坯或半成品。

格式：G73 UΔi　WΔk　Rd；
　　　G73 Pns　Qnf　UΔu　WΔw　F__ S__ T__；

程序中，Δi——X 方向的退刀量，半径值；
　　　　Δk——Z 方向的退刀量；
　　　　d——循环次数。

说明：

（1）指令中其他参数的意义与 G71 相同；

（2）粗车过程中，程序段号 *ns*～*nf* 内任何 F、S、T 功能均被忽略，只有 G73 指令中指定的 F、S、T 功能有效。

成形车削循环的加工路线如图 7-5 所示。

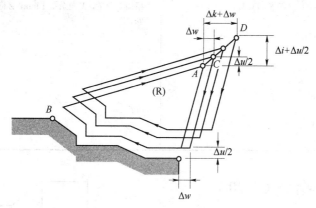

图 7-5 成形车削循环加工路线

注：华中系统成形车削循环指令 G73 的指令格式如下：

G73 UΔi WΔk Rd Pns Qnf XΔu ZΔw F__ S__ T__；

程序中，X、Z 含义分别表示 X 方向和 Z 方向余量，指令使用方法相同。

例如，要加工如图 7-6 所示的短轴，X 方向退刀量为 9.5 mm，Z 方向退刀量为 9.5 mm，X 向精车余量为 1 mm，Z 向精车余量为 0.5 mm，重复加工次数为 3，加工程序见表 7-2。

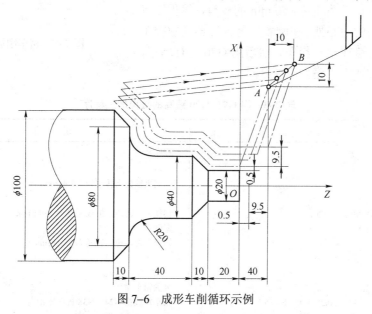

图 7-6 成形车削循环示例

表 7-2 用成形车削循环指令 G73 编写的数控加工程序

程　　序	说　　明
N010　T0101	
N020　M03　S800；	
N030　G00　G42　X140　Z5　M08；	

程　　序	说　　明
N050　G73　U9.5　W9.5　R3;	X/Z 向退刀量 9.5 mm，循环 3 次
N060　G73　P70　Q130　U1　W0.5　F0.3;	精加工余量，X 向余量 1 mm，Z 向余量 0.5 mm
N070　G00　X20　Z0;	//ns
N080　G01　Z-20　F0.15;	
N090　X40　Z-30;	
N100　Z-50;	
N110　G02　X80　Z-70　R20;	
N120　G01　X100　Z-80;	
N130　X105;	//nf
N140　G00　G40　X200　Z200;	
N150　M30;	

7.2.4　精车循环指令（G70）

功能：用 G71、G72、G73 指令粗车完毕后，可用 G70 指令，使刀具进行精加工。

格式：G70　Pns　Qnf;

程序中，ns——精车开始程序段号；

　　　　nf——精车结束程序段号。

例如，在 FANUC 0I Mate-TC 数控车床上加工如图 7-7 所示零件，设毛坯是 ϕ50 mm 的棒料，编程原点选在工件右端面的中心处，在配置后置式刀架的数控车床上加工。采用 G71 进行粗车，然后用 G70 进行精车，最后切断，数控加工程序见表 7-3。

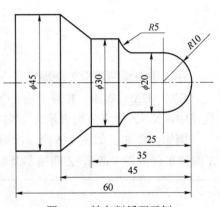

图 7-7　精车削循环示例

表 7-3　用 G71/ G70 编写的数控加工程序

程　　序	说　　明
O0707	程序名
N2　T0101;	
N6　G50　S1500;	限制主轴最高转速为 1 500 r/min
N8　G00　X52　Z0;	
N10　G96　S120　M03　S120;	切换工件转速，恒线速度为 120 r/min
N12　G01　X0　F0.15;	车端面
N14　G97　S800;	切换工件转速，转速为 800 r/min
N16　G00　Z2;	
N18　X52;	
N20　G71　U2　R1;	外圆粗车循环
N22　G71　P24　Q38　U0.2　W0　F0.15;	精车路线由 N24~N38 程序段指定
N24　G01　G42　X0　Z0　F0.08;	
N26　G03　X20　W-10　R10;	
N28　G01　Z-20;	
N30　G02　X30　Z-25　R5;	
N32　G01　Z-35;	
N34　G01　X45　Z-45;	
N36　W-20;	

续表

程　序	说　明
N38　G00　G40　X50; N40　G00　X150; N42　Z150; N44　T0202; N46　G00　X45　Z2　S1000　M03; N48　G70　P24　Q38; N50　G00　X150; N52　Z150; N54　S300　M03　T0303; N56　G00　X52　Z-64; N58　G01　X1　F0.05; N60　G00　X150; N62　Z150; N64　M05; N66　M30;	精车加工 切断 程序结束

7.3　工艺分析及数据计算

7.3.1　零件工艺分析及尺寸计算

1. 零件工艺分析

如图 7-1 所示典型案例零件主要由以下几大块组成：外圆、外螺纹和外槽，主要是复合固定循环指令与螺纹加工指令的综合应用。

采用三爪自定心卡盘装夹，夹紧轴零件的毛坯车端面。同时，加工外圆、倒角、切槽、车螺纹，确定以工件右端面和轴心线的交点 O 为工件原点，建立 XOZ 工件坐标系。

2. 尺寸计算

$\phi 30_{-0.02}^{0}$ mm 外圆编程尺寸 $=30+\dfrac{0+(-0.02)}{2}=29.99$（mm）

$\phi 40_{-0.02}^{+0.02}$ mm 外圆编程尺寸 $=40+\dfrac{+0.020+(-0.02)}{2}=40$（mm）

$\phi 50_{-0.02}^{0}$ mm 外圆编程尺寸 $=50+\dfrac{0+(-0.02)}{2}=49.99$（mm）

$113_{-0.03}^{+0.03}$ mm 外圆编程尺寸 $=113+\dfrac{+0.030+(-0.03)}{2}=113$（mm）

$43_{-0.03}^{+0.03}$ mm 外圆编程尺寸 $=43+\dfrac{+0.030+(-0.03)}{2}=43$（mm）

M28×1.5 外螺纹尺寸：

外圆柱面的直径

$$d_{实际}=d-0.1P=28-0.1\times 1.5=27.85（mm）$$

外螺纹实际牙型高度

$$h=0.65P=0.65×1.5=0.975（mm）$$

外螺纹实际小径

$$d_1=d-1.3P=28-1.3×1.5=26.05（mm）$$

7.3.2 工艺方案

（1）车端面；
（2）从右至左粗车各圆柱面和倒角；
（3）从右至左精车各圆柱面和倒角；
（4）粗加工 $R15$ mm 圆弧面；
（5）精加工 $R15$ mm 圆弧面；
（6）切槽；
（7）车螺纹；
（8）切断。

7.3.3 选择刀具及切削用量

1. 刀具的选择

根据加工要求选用的刀具见表7–4。

表 7–4 刀具选择

序号	刀具号	刀具类型	刀具规格/mm	数量	加工表面
1	T0101	90°外圆车刀	R0.4	1	车端面，粗、精车各圆柱面和倒角
2	T0202	35°外圆车刀	R0.2	1	粗、精车 $R15$ mm 圆弧面
3	T0303	切断刀	宽3	1	加工外螺纹退刀槽，切断
4	T0404	螺纹刀	R0.2	1	加工外螺纹

2. 切削用量的选择

根据加工要求选用的切削用量见表7–5。

表 7–5 切削用量

操作序号	工步内容	刀具号	切削用量		
			主轴转速/(r·min^{-1})	进给速度/(mm·r^{-1})	背吃刀量/mm
1	车端面	T0101	800	0.15	1
2	粗车圆柱面、倒角	T0101	800	0.15	2
3	精车圆柱面、倒角	T0101	1 200	0.08	0.5
4	粗车圆弧面	T0202	800	0.15	2
5	精车圆弧面	T0202	1 200	0.08	0.5
6	车螺纹退刀槽	T0303	600	0.05	
7	车削外螺纹	T0404	500	螺距1.5	
8	切断	T0303	400	0.05	

7.4 程序编制

如图 7-1 所示典型案例零件在配置前置式刀架的数控车床上加工，数控加工程序编制见表 7-6。

表 7-6 典型案例零件数控加工程序

程　序	说　明
O0708	加工程序名
N2　T0101;	换 01 号刀，调用 01 号偏置
N4　M03　S800;	主轴转速为 800 r/min，主轴正转
N6　G00　X54　Z1;	
N8　G94　X0　Z0　F0.15;	车端面
N10　G71　U2　R1;	
N12　G71　P14　Q30　U0.2　W0;	从右至左粗加工各圆柱面和倒角
N14　G00　X22　Z1;	
N16　G01　X27.85　Z-2　F0.08;	
N18　Z-18;	
N20　X30;	（编程尺寸 29.99 mm）
N22　Z-43;	
N24　X40;	
N26　Z-103;	
N28　X50;	（编程尺寸 49.99 mm）
N30　Z-116;	
N32　M03　S1200;	
N34　G70　P14　Q30;	从右至左精加工各圆柱面和倒角
N36　G00　X100;	
N38　Z100;	
N40　T0202;	换 02 号刀，调用 02 号偏置
N42　M03　S800;	主轴转速为 800 r/min，主轴正转
N44　G00　X45　Z-45;	
N46　G73　U2　W0　R2;	粗加工 $R15$ mm 圆弧面
N48　G73　P50　Q58　U0.2　W0　F0.15;	
N50　G41　G01　X40　Z-53　F0.08;	
N52　G02　X40　W-15　R15;	
N54　G01　W-10;	
N56　G02　X40　W-15　R15;	
N58　G40　G01　X52　W-2;	
N60　M03　S1200;	
N62　G70　P50　Q58;	精加工 $R15$ mm 圆弧面
N64　G00　X100;	
N66　Z100;	
N68　T0303;	换 03 号刀，调用 03 号偏置
N70　M03　S600;	主轴转速为 600 r/min，主轴正转
N72　G00　X34　Z-18;	
N74　G01　X24　F0.05;	切槽
N76　X34;	
N78　G00　X100　Z100;	
N80　T0404;	换 04 号刀，调用 04 号偏置
N82　M03　S500;	主轴转速为 500 r/min，主轴正转
N84　G00　X30　Z2;	
N86　G92　X27.5　Z-17　F1.5;	车螺纹

续表

程　　序	说　　明
N88　X27.0; N90　X26.5; N92　X26.38; N93　X26.05 N94　G00　X100　Z100; N96　T0303; N98　M03　S400; N100　G00　X54　Z-116; N102　G01　X1　F0.05; N104　X54; N106　G00　X100　Z100; N82　M05; N84　M30;	换 03 号刀，调用 03 号偏置 主轴转速为 400 r/min，主轴正转 切断 主轴停止 程序结束

7.5　实训内容

在 FANUC 0I Mate-TC 数控车床上加工如图 7-8 所示零件，设毛坯是 $\phi 40$ mm×150 mm 的棒料，材料为 45 钢，要求编制数控加工程序并完成零件的加工。

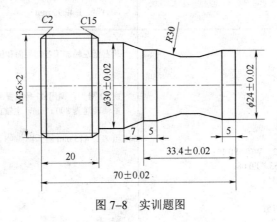

图 7-8　实训题图

7.6　自测题

1. 选择题（请将正确答案的序号填写在括号中）

（1）在 FANUC 数控系统中，（　　）适合粗加工铸铁、锻造类毛坯。

A. G71　　　　B. G70　　　　C. G73　　　　D. G72

（2）用单一固定循环 G90 指令编制锥体车削循环加工时，"R" 参数的正负由螺纹起点与目标点的关系确定，若起点坐标比目标点的 X 坐标小，则 "R" 应取（　　）。

A. 负值　　　　B. 正值　　　　C. 不一定

（3）（　　）指令属于单一固定循环。

A. G72　　　　B. G90　　　　C. G71　　　　D. G73

（4）若待加工零件具有凹圆弧面，应选择（　　）指令完成粗车循环。

A. G70　　　　B. G71　　　　C. G73　　　　D. G72

（5）在 FANUC 数控系统中，（　　）适合于精加工。

A. G71　　　　B. G70　　　　C. G73　　　　D. G72

2. 判断题（请将判断结果填入括号中，正确的填"√"，错误的填"×"）

（1）在实际加工中，各粗车循环指令可据实际情况结合使用，即某部分用 G71、某部分用 G73，尽可能提高效率。（　　）

（2）固定形状粗车循环方式适合于加工棒料毛坯除去较大余量的切削。（　　）

（3）单一固定循环方式可对零件的内、外圆柱面及内、外圆锥面进行粗车。（　　）

（4）套类工件因受刀体强度、排屑状况的影响，所以每次切削深度要少一点，进给量要慢一点。（　　）

（5）G71、G72、G73、G76 均属于复合固定循环指令。（　　）

3. 车削如图 7-9 所示的工件，已知毛坯为 $\phi30\,\text{mm}\times100\,\text{mm}$ 的棒料，材料为 45 钢，试编程。要求：

（1）确定加工方案；

（2）选择刀具；

（3）建立工件坐标系；

（4）编程。

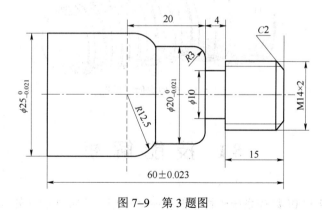

图 7-9　第 3 题图

项目 8　数控车槽加工与子程序

典型案例：在 FANUC 0I Mate-TC 数控车床上加工如图 8-1 所示零件，设毛坯是 ϕ40 mm×100 mm 的棒料，材料为 45 钢。

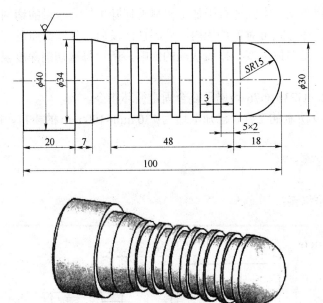

图 8-1　典型案例零件图

8.1　技 能 解 析

（1）掌握 FANUC 0I 数控系统子程序的编制和使用，掌握端面（外圆）切槽指令 G01、端面切槽循环指令 G74 及内（外）圆切槽循环指令 G75 的应用。

（2）了解数控车床加工带槽零件的特点，并能够正确地对带槽零件进行数控车削工艺分析。

（3）通过对带槽零件的加工，掌握数控车床子程序的编程技巧。

8.2　相 关 知 识

在机械零件上各种类型的沟槽很多，有机械加工工艺结构上用的螺纹退刀槽、砂轮越程槽等；有具有实际功效的卡簧槽、通油槽和密封槽等；从形状位置上分，又有矩形槽、梯形槽、圆弧形槽、V 形槽、径向槽和端面槽等，所以各种沟槽的加工在数控加工中占有很重要的地位。在数控车床上加工沟槽主要涉及端面（外圆）切槽指令（G01）、端面切槽循环指令（G74）和内（外）圆切槽循环指令（G75）等。

8.2.1 端面（外圆）切槽指令（G01）

端面（外圆）切槽指令 G01 是在本教材项目 4 中讲到的，直线插补指令 G01 的功能之一。端面（外圆）切槽指令 G01 的作用是指令数控车床切槽刀以一定的进给速度，从当前所在位置沿直线移动到指令给出的目标位置。它既可以进行端面切槽，又可以进行外圆切槽。

端面切槽指令格式：
G01 Z（W）___F___；
外圆切槽指令格式：
G01 X（U）___F___；
程序中，F——切削进给速度，单位为 mm/r 或 mm/min。

使用端面（外圆）切槽指令 G01 时，可以采用绝对坐标编程，也可采用增量坐标编程。当采用绝对坐编程时，数控系统在接受 G01 指令后，刀具将移至坐标值为 X、Z 的点上；当采用增量坐编程时，刀具将移至距当前点的距离为 U、W 的点上。

例：试用 G01 指令编写如图 8-2 所示工件的沟槽加工程序（设所用切槽刀的刀宽为 3 mm）。

…
G00 X42.0 Z–28.0;   切槽刀快速定位到切槽起点
G01 X32.0 F0.2;   第一次切槽
G00 X42.0;   快速退刀
G00 Z–31.0;   快速定位
G01 X32.0 F0.2;   第二次切槽
G00 X42.0;   快速退刀
G00 X100.0 Z100.0;   切槽刀快速返回至换刀点
…

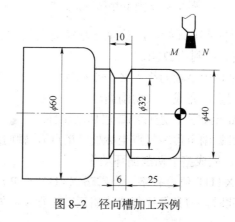

图 8-2　径向槽加工示例

8.2.2 端面切槽循环指令（G74）

端面切槽循环指令 G74 一般用来加工端面槽，因为其具有端面纵向断续切削能力，所以可实现断屑切槽加工。该指令还能采用往复式排屑进行深孔钻削加工，故又称为啄式深孔钻削循环指令。

1. 指令格式

G74　Re；

G74　X(U)＿Z(W)＿PΔi　QΔk　RΔd　Ff；

程序中，e——刀具退刀量，其值是模态指定，在另一个值指定前不会改变；

　　　　X(U)，Z(W)——切槽终点处坐标；

　　　　Δi——刀具完成一次轴向切削后，在 X 方向的移动量，该值用不带符号的半径量表示；

　　　　Δk——刀具在 Z 方向的每次切深量，用不带符号的值表示；

　　　　Δd——刀具在切削底部的 X 向退刀量，无要求时可省略，Δd 的符号总是正号（+），但是如果 X(U) 及 Δi 被省略，则退刀方向可以指定为希望的符号；

　　　　f——轴向切削时的进给速度。

2. 指令的运动轨迹及工艺说明

G74 指令循环动作轨迹如图 8-3 所示。

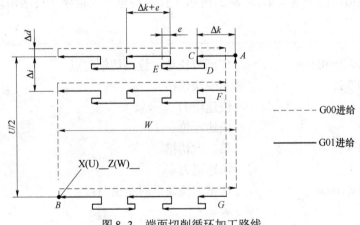

图 8-3　端面切削循环加工路线

（1）刀具从循环起点（A 点）开始，沿轴向进刀 Δk 并到达 C 点。

（2）刀具退刀 e（断屑）并到达 D 点。

（3）刀具按该循环递进切削至轴向终点 Z 的坐标处。

（4）刀具退到轴向起刀点，完成一次切削循环。

（5）刀具沿径向偏移 Δi 至 F 点，进行第二层切削循环。

（6）依次循环直至刀具切削至程序终点坐标处（B 点），轴向退刀至起刀点（G 点），再径向退刀至起刀点（A 点），完成整个切削循环动作。

（7）G74 程序段中的 X(U) 值可省略。当省略 X(U) 及 P 时，循环执行时刀具仅做 Z 向进给而不做 X 向偏移。此时，刀具做往复式排屑运动进行断屑处理，用于端面啄式深孔钻削循环加工。

（8）对于 G74 程序段中的 Δi、Δk 值，在 FANUC 0I 系统中，不能输入小数点，而应直接输入最小编程单位，如 Q1500 表示轴向每次切深量为 1.5 mm。

车一般外沟槽时，切槽刀从外圆切入，所切沟槽的几何形状与切槽刀相同，切槽刀两侧副后角相等，车刀左右对称。但车端面槽时，切槽刀的刀尖点 A 处于车孔状态，为了避免切槽刀的副后刀面与工件沟槽的大圆弧面发生干涉，刀尖 A 处的副后刀面必须根据端面槽圆弧的大小磨成圆弧形，并保证一定的后角，如图 8-3 所示。

例：试用 G74 指令编写如图 8-4 所示工件的切槽及钻孔加工程序。要在车床上钻削直径为 10 mm、深为 100 mm 的深孔，切槽刀的刀宽为 3 mm。程序见表 8-1。

表 8-1 用端面切槽指令 G74 编写的加工程序

程　序	说　明
O1234	程序名
N2 G99 G21 G40;	程序初始化
N6 T0101;	换 01 号切槽刀
N8 M03 S500;	主轴正转，转速 500 r/min
N10 G00 X100.0 Z100.0 M08;	刀具至目测安全位置
N12 G00 X20.0 Z1.0;	切槽刀快速定位至切槽循环起点
N14 G74 R0.3;	指令端面切槽循环，切槽刀每次退刀量为 0.3 mm
N16 G74 X24.0 Z 5.0 P1000 Q2000 F0.1;	X 坐标相差两个刀宽，槽深 5.0 mm，X 向移动量为 1 mm，Z 向每次切深量为 2 mm
N18 G00 X100.0 Z100.0;	切槽刀快速返回至换刀点
N20 T0202;	换 02 号刀，即 ϕ10 mm 钻头
N22 G00 X0.0 Z1.0;	钻头快速定位至啄式钻孔循环起点
N24 G74 R0.3;	指令啄式钻孔循环，钻头每次退刀量为 0.3 mm
N26 G74 Z 28.0 Q5000 F0.1;	钻孔深 25 mm（扣除钻尖），钻头每次钻深为 5 mm
N28 G00 X100.0 Z100.0 M09;	钻头快速返回至换刀点
N30 M30;	程序结束，返回程序开头

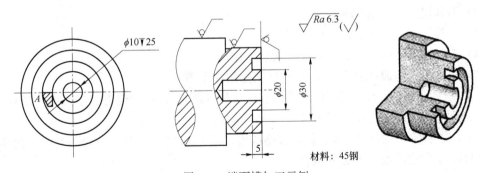

图 8-4 端面槽加工示例

8.2.3 内（外）圆切槽循环指令（G75）

内（外）圆切槽循环指令 G75 是在工件的径向上，采用进退切削加工方式，车削沟槽的一种切槽指令，适用于在内（外）圆表面上进行较深的沟槽切削加工或切断加工。

1. 指令格式

G75 Re;

G75　X（U）_Z（W）_PΔi　QΔk　RΔd　Ff；

程序中，e——刀具退刀量，其值是模态指定，在另一个值指定前不会改变；

　　　　X（U），Z（W）——切槽终点处坐标；

　　　　Δi——刀具 X 方向的每次切深量，用不带符号的半径量表示；

　　　　Δk——刀具完成一次径向切削后，在 Z 方向的移动量，用不带符号的值表示；

　　　　Δd——刀具在切削底部的 Z 向退刀量，无要求时可省略，Δd 的符号总是正号（+）；

　　　　f——径向切削时的进给速度。

2. 指令的运动轨迹及工艺说明

G75 指令循环动作轨迹如图 8-5 所示。

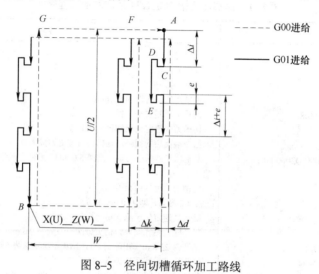

图 8-5　径向切槽循环加工路线

（1）刀具从循环起点（A 点）开始，沿径向进刀Δi 并到达 C 点。

（2）刀具退刀 e（断屑）并到达 D 点。

（3）刀具按该循环递进切削至径向终点 X 的坐标处。

（4）刀具退到径向起刀点，完成一次切削循环。

（5）刀具沿轴向偏移Δk 至 F 点，进行第二层切削循环。

（6）依次循环直至刀具切削至程序终点坐标处（B 点），径向退刀至起刀点（G 点），再轴向退刀至起刀点（A 点），完成整个切削循环动作。

（7）G75 程序段中的 Z（W）值可省略或设定值为 0，当 Z（W）值设为 0 时，循环执行时刀具仅做 X 向进给而不做 Z 向偏移。

（8）对于程序段中的Δi、Δk 值，在 FANUC 0I 系统中，不能输入小数点，而直接输入最小编程单位，如 P1500 表示径向每次切深量为 1.5 mm。

3. 使用切槽固定复合循环（G74、G75）时的注意事项

（1）在 FANUC 0I 系统中，当出现以下情况而执行切槽固定复合循环（G74、G75）时，将会出现报警。

① X（U）或 Z（W）指定，而Δi 或Δk 未指定或指定为 0。

② Δk 值大于 Z 轴的移动量或Δk 值设定为负值。

— 110 —

③ Δi 值大于 U/2 或 Δi 值设定为负值。

④ 退刀量大于进刀量，即 e 值大于每次切深量 Δi 或 Δk。

（2）由于 Δi 和 Δk 为无符号值，所以刀具切深完成后的偏移方向由数控系统根据刀具起刀点及切槽终点的坐标自动判断。

（3）切槽过程中，刀具或工件受较大的单方向切削力，容易在切削过程中产生振动，因此，切槽加工中进给速度的取值应略小（特别是在端面切槽时），通常取 0.1～0.2 mm/r。

例：试用 G75 指令编写如图 8-2 所示工件的沟槽加工程序（设所用切槽刀的刀宽为 3 mm）。

...
G00 X42.0 Z-28.0;   切槽刀快速定位到切槽循环起点
G75 R0.3;   指令径向切槽循环，切槽刀每次退刀量为 0.3 mm
G75 X32.0 Z-31.0 P1500 Q2000 F0.1; Z方向移动 2 mm，X方向每次切深量为 1.5 mm
G00 X100.0 Z100.0;   切槽刀快速返回至换刀点
...

8.2.4 子程序调用指令（M98）

1. 子程序的概述

1）主程序和子程序

机床的加工程序可分为主程序和子程序两种。主程序由指定加工顺序、刀具运动轨迹和各种辅助动作的程序段组成，是一个完整的零件加工程序，或是零件加工程序的主体部分。它与被加工零件或加工要求一一对应，不同的零件或不同的加工要求，都有唯一的主程序。

在编制加工程序的过程中，有时会遇到一组程序段在一个程序中多次反复出现，或者在几个程序中都要用它的情况。为了简化加工程序、提高编程效率，以及减少不必要的编程重复，将这一组程序段编写成一个固定程序，并单独加以命名，这组程序段就称为子程序。使用子程序编程不但能使主程序简洁明了、节省 CNC 系统的内存空间，而且能提高编程效率和准确性，实现简化编程的目的。

子程序一般都不可以作为独立的加工程序使用，它只能通过主程序进行调用，其作用相当于一个固定循环，实现加工过程中的局部动作。子程序运行结束后，能自动返回到调用它的主程序中。子程序和主程序必须存在同一个文件中，而且子程序名和主程序名不得相同。

2）子程序的嵌套

为了进一步简化加工程序，可以允许其子程序再调用另一个子程序，这一功能称为子程序的嵌套。当主程序调用子程序时，该子程序被认为是一级子程序，也称为一级嵌套。如果子程序中又调用另一子程序，则称为二级嵌套。子程序可以嵌套多少层由具体的数控系统决定，FANUC 0I 系统中的子程序允许四级嵌套，如图 8-6 所示。

2. 子程序的调用

1）子程序的格式

在大多数的数控系统中，子程序和主程序并无本质区别。子程序和主程序在程序号及程序内容方面基本相同，仅程序结束标记不同。主程序用 M02 或 M30 表示程序结束，而子程序在 FANUC 0I 系统中用 M99 表示子程序结束，并实现自动返回主程序功能，如下述子程序：

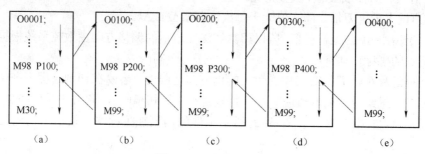

图 8-6 子程序的嵌套

(a) 主程序；(b) 一级嵌套；(c) 二级嵌套；(d) 三级嵌套；(e) 四级嵌套

O1234;　　　　　　　　　子程序号
G01 X20.0 Z1.0;
…
G01 X100.0 Z100.0;
M99;　　　　　　　　　　子程序结束，并自动返回主程序

对于子程序结束指令 M99，不一定要单独书写一行，如上面子程序中最后两段可写成"G01 X100.0 Z100.0 M99；"。

2）子程序的调用指令（M98）

在 FANUC 0I 系统中，子程序的调用可以通过辅助功能指令 M98 进行，同时在调用格式中将子程序的程序号地址 O 改为 P，其常用的子程序调用格式有以下两种。

（1）格式一：M98 P___ L___；

程序中，地址符 P 后面的 4 位数为子程序号，地址符 L 后面的数字表示重复调用子程序的次数，子程序号及调用次数前的 0 可以省略不写。如果只调用子程序一次，则地址符 L 及其后面的数字可以省略不写。

例：M98 P123 L5；
表示调用 O0123 子程序 5 次。

M98 P123；
表示调用 O0123 子程序 1 次。

（2）格式二：M98 P___；

地址符 P 后面的 8 位数中，前 4 位表示调用子程序次数，后 4 位表示子程序号。采用这种格式调用子程序时，调用次数前的 0 可以省略不写，但子程序号前的 0 不可省略。

例：M98 P60015；
表示调用 O0015 子程序 6 次。

M98 P510；
表示调用 O0510 子程序 1 次。

在 FANUC 0I 系统中，同一个子程序可被多次调用，用一次调用指令可以重复调用子程序 9 999 次。在加工过程中，可以有多个子程序，并允许被主程序多次调用。子程序是由主程序或上层子程序调出并执行的，子程序调用次数的默认值为 1。

8.2.5 子程序结束指令（M99）

程序结束指令 M99 表示子程序或宏程序结束，自动返回到调用该子程序或宏程序的主程序 M98 的下一程序段，并继续执行主程序。该指令除常用于指令子程序或宏程序结束，并返回主程序外，还具有以下功能。

1. 子程序返回到主程序中的某一程序段

如果在子程序结束指令 M99 中加上 P*n* 指令，则子程序在返回主程序时，将返回到主程序中程序段号为 *n* 的那个程序段，而不直接返回主程序。其程序格式如下：

指令格式：M99 P*n*；

例：M99 P100；

表示返回到主程序的 N100 程序段，继续执行主程序。

2. 自动返回到主程序开始程序段

如果在主程序中执行到 M99 指令，则程序将返回到主程序的开始程序段并继续执行主程序。也可以在主程序中插入"M99 P*n*；"，用于返回到指定的程序段。为了能够执行该程序段后面的程序，通常在该程序段前加"/"，以便在不需要返回执行时跳过该程序段。

3. 强制改变子程序重复执行的次数

用"M99 L___；"指令可强制改变子程序重复执行的次数，其中 L___ 表示子程序调用的次数。例如，如果主程序有"M98 P___L99；"指令，而子程序采用"M99 L2；"指令返回主程序，则子程序重复执行的次数由 99 次强制改变为 2 次。

8.2.6 编写子程序的注意事项

（1）在编写子程序的过程中，最好采用增量坐标方式进行编程，以避免失误。当然也可以采用绝对坐标方式编程。

（2）在刀尖圆弧半径补偿模式中的程序不能被分割指令。如以下程序所示：

O0001　　　　　　　　　　主程序号

...

G41 …；　　　　　　　　　建立刀尖半径左补偿

M98 P2；　　　　　　　　　调用 O0002 子程序 1 次

G40 …；　　　　　　　　　取消刀尖半径补偿

...

M30；

O0002　　　　　　　　　　子程序号

...

M99；

在以上程序中，刀尖圆弧半径补偿模式在主程序中被"M98 P2；"分割而无法执行，在编程过程中应该避免这种形式。正确的编程方法应当是把刀尖圆弧半径补偿模式放到子程序中编写。其编写格式如下：

O0001；　　　　　　　　　主程序号

...

M98 P2；　　　　　　　　调用 O0002 子程序 1 次
…
M30；
O0002；　　　　　　　　子程序号
G41 …；　　　　　　　　建立刀尖半径左补偿
…
G40 …；　　　　　　　　取消刀尖半径补偿
M99；

（3）子程序中一般只编写工件轮廓（即刀具运动轨迹），不允许编入机床状态指令（如 G50、S、M03 等）。

8.3 工艺分析及数据计算

8.3.1 工艺分析

（1）通过对图 8-1 的分析，选用毛坯为 $\phi 40$ mm×100 mm 的棒料，确定工件右端为加工部分。

（2）以毛坯 $\phi 40$ mm 圆柱表面及工件右端面为定位基准，用三爪自定心夹紧的装夹方式装夹。

（3）编程原点确定：如图 8-1 所示，以完成加工后的工件右端面回转中心作为编程原点。

8.3.2 制定工艺方案

（1）粗车工件右端外圆。
（2）精车工件右端外圆。
（3）切槽。

8.3.3 选择刀具及切削用量

1. 刀具的选择

（1）1 号刀为 90°外圆车刀，负责粗、精车外圆表面。
（2）2 号刀为切槽刀，刀宽为 3 mm，负责切槽加工。

2. 切削用量的选择

根据加工要求选用的切削用量见表 8-2。

表 8-2　切削用量

加工内容	主轴转速 $S/(\text{r}\cdot\text{min}^{-1})$	进给速度 $F/(\text{mm}\cdot\text{r}^{-1})$
粗车外圆	800	0.2
精车外圆	1 600	0.05
切槽	600	0.10

8.4 程序编制

下面是用子程序编程方式编写的，如图 8-1 所示典型案例中活塞杆加工的主程序和子程序见表 8-3 和表 8-4。

表 8-3 典型案例主程序

程　　序	说　　明
O0008;	主程序号
G99 G21 G40;	
T0101;	程序开始部分
M03 S800;	
G00 X100.0 Z100.0 M08;	
X41.0 Z2.0;	
G71 U1.5 R0.3;	采用外径粗车循环加工工件右端外轮廓
G71 P100 Q200 U0.3 W0.0 F0.2;	
N100 G00 F0.05 S1600;	
G01 Z0.0;	
G03 X30.0 Z-15.0 R15.0;	精加工轮廓描述，程序段中的 F 和 S 为精加工时的 F 和 S 值
G01 Z-66.0;	
X34.0 Z-73.0;	
Z-80.0;	
N200 G01 X41.0;	
G70 P100 Q200;	精加工右端轮廓
G00 X100.0 Z100.0;	
T0202;	换切槽刀，刀宽为 3 mm
M03 S600;	
G00 X31.0 Z-63.0;	切槽循环起点位置
M98 P60018;	调用 O0018 子程序 6 次
G00 X100.0 Z100.0;	
M05 M09;	程序结束部分
M30;	

表 8-4 典型案例子程序

程　　序	说　　明
O0018;	子程序号
G75 R0.3;	指令径向切槽循环，每次退刀量为 0.3 mm
G75 U-5.0 W2.0 P1500 Q2000 F0.1;	Z 向移动 2 mm，X 向每次切深量为 1.5 mm
G00 W8.0 F0.1;	切槽循环起点位置 Z 向偏移 8 mm
M99;	子程序结束，返回主程序

8.5 实训内容

在 FANUC 0i Mate-TC 数控车床上加工如图 8-7 所示零件，设毛坯为 ϕ32 mm×80 mm 的

棒料，材料为 45 钢，1 号刀为外圆车刀，3 号刀为切槽刀，其宽度为 2 mm。要求用子程序编程方法，编制数控加工程序并完成零件的加工。

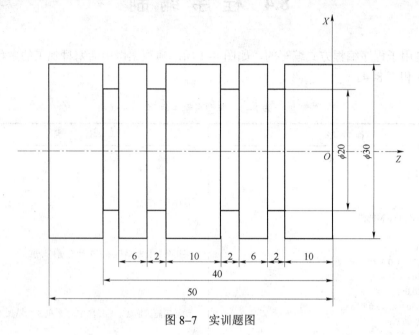

图 8-7 实训题图

8.6 自 测 题

1. 选择题（请将正确答案的序号填写在括号中）

（1）子程序调用指令"M98 P50412；"的含义为（ ）。

A. 调用 504 号子程序 12 次　　　　　　B. 调用 0412 号子程序 5 次

C. 调用 504 号子程序 2 次　　　　　　　D. 调用 412 号子程序 50 次

（2）程序段前加符号"/"表示（ ）

A. 程序停止　　　B. 程序暂停　　　C. 程序跳跃　　　D. 单段运行

（3）如果子程序的返回程序段为"M99 P100；"，则表示（ ）。

A. 调用子程序 O100 一次　　　　　　　B. 返回子程序 N100 程序段

C. 返回主程序 N100 程序段　　　　　　D. 返回主程序 O100

（4）对于指令

G75 R e；

G75 X(U)__Z(W)__PΔi　QΔk　RΔd　Ff；

中的"QΔk"，下列描述不正确的是（ ）。

A. Z 向偏移量　　B. 小于刀宽　　C. 始终为正值　　D. 不带小数点的值

（5）主程序和子程序的内容各不相同，但程序格式是（ ）的。

A. 不相同　　　B. 相同　　　C. 不大相同　　　D. 可相同也可不同

（6）以下指令中，作为 FANUC 系统子程序结束的指令是（ ）。

A. M30　　　　　　B. M02　　　　　　C. M17　　　　　　D. M99

（7）对于指令

G75 R*e*；

G75 X(U)__Z(W)__P△*i*　Q△*k*　R△*d*　F*f*；

中的"R*e*"，下列描述不正确的是（　　）。

A. 退刀量　　　　　B. 半径量　　　　　C. 模态值　　　　　D. 有正负值之分

（8）如果主程序采用"M98 P×× L5；"，而子程序采用"M99 L2；"返回，则子程序重复执行的次数为（　　）次。

A. 1　　　　　　　B. 2　　　　　　　C. 5　　　　　　　D. 3

（9）对于指令

G75 R*e*；

G75 X(U)__Z(W)__P△*i*　Q△*k*　R△*d*　F*f*；

中的"P△*i*"，下列描述不正确的是（　　）。

A. 每次切深量　　　B. 直径量　　　　　C. 始终为正值　　　D. 不带小数点的值

（10）当指令

G74 R*e*；

G74 X(U)__Z(W)__P△*i*　Q△*k*　R△*d*　F*f*；

作为啄式钻孔循环指令时，下列参数中的（　　）值需为 0。

A. R*e*　　　　　　B. Z(W)　　　　　C. P△*i*　　　　　D. Q△*k*

2. 判断题（请将判断结果填入括号中，正确的填"√"，错误的填"×"）

（1）固定循环指令也是一种子程序。（　　）

（2）G75 循环指令执行过程中，X 向每次切深量均相等。（　　）

（3）执行 G75 指令中，刀具完成一次径向切削后，在 Z 方向的偏移方向由指令中参数后的正负号确定。（　　）

（4）执行 G75 指令中编写的 Z 方向的偏移量应小于刀宽，否则在程序执行过程中会产生程序出错报警。（　　）

（5）FANUC 0I 系统主程序和子程序的程序名格式完全相同。（　　）

（6）FANUC 0I 系统指令"M98P×××× L××××；"中省略了 L，则该指令表示调用子程序一次。（　　）

（7）在 FANUC 0I 系统中，子程序与子程序之间能实现无限层次的嵌套。（　　）

（8）主程序由指定加工顺序、刀具运动轨迹和各种辅助动作的程序段组成，它是加工程序的主体结构。（　　）

（9）在加工过程中，可以有多个子程序，并允许被主程序多次调用。（　　）

（10）子程序一般都不可以作为独立的加工程序使用。（　　）

学习情境三
数控铣床（加工中心）编程与加工

项目 9 数控铣床与铣削加工工艺

9.1 技能解析

（1）熟悉数控铣床的结构特点及其分类，掌握数控铣床的工件装夹与刀具选择。
（2）了解数控铣床对刀及设置工件零点的方法。
（3）掌握数控铣床典型零件的铣削工艺分析特点，能够正确地对零件进行数控铣削工艺分析。

9.2 相关知识

9.2.1 数控铣床熟悉

1. 数控铣床的功能及特点

数控铣床也称作数控铣削机床，是铣刀做旋转主运动，工件做进给运动的切削加工方法，适应于板类、盘类、壳具类、模具类等复杂形状的零件或对精度保持性要求较高的中、小批量零件的加工。如果增添了自动换刀装置和刀库，则成为镗铣类加工中心。

一般的数控铣床是指规格较小的升降台式数控铣床，其工作台宽度多在 400 mm 以下，规格较大的数控铣床（如工作台宽度在 500 mm 以上的），其功能已向加工中心靠近，进而演变成柔性加工单元。数控铣床多为三坐标、两轴联动的机床，也称两轴半控制，即在 X、Y、Z 三个坐标轴中，任意两轴都可以联动。一般情况下，在数控铣床上只能加工平面曲线的轮廓。对于有特殊要求的数控铣床，还可以加一个回转的 A 坐标或 C 坐标，即增加一个数控分度头或数控回转工作台，它可安装在机床工作台的不同位置，这时机床的数控系统为四坐标的数控系统，可用来加工螺旋槽、叶片等立体曲面零件。与普通铣床相比，其具有以下特点：

（1）加工灵活，通用性高，可以完成不同形状工件。
（2）加工精度高，脉冲当量可以达到 0.001 mm，即 1 μm。
（3）加工零件形状复杂，加工范围宽广。
（4）加工效率高，可大大降低劳动强度。

2. 数控铣床的结构

数控铣床一般由以下几部分组成：
（1）主轴箱，包括主轴箱体和主轴传动系统。

(2)进给伺服系统,由进给电动机和进给执行机构组成。

(3)控制系统,是数控铣床运动控制的中心,执行数控加工程序控制机床进行加工。

(4)辅助装置,如液压、气动、润滑、冷却系统和排屑、防护等装置。

(5)机床基础件,指底座、立柱、横梁等,是整个机床的基础和框架。

(6)工作台。

3. 数控铣床的分类

1)按数控铣床主轴位置分类

按数控铣床主轴位置可分为立式、卧式和立卧转换几类。

(1)立式数控铣床。铣床主轴垂直于水平面,是数控铣床中数量最多的一种,包括以下几种类型:工作台纵、横向移动并升降,主轴不动方式;工作台纵、横向移动,主轴升降方式;龙门架移动式,即主轴可在龙门架的横向与垂直导轨上移动,而龙门架则沿床身做纵向移动。如图9-1和图9-2所示。

图9-1 立式数控铣床　　　　图9-2 龙门数控铣床

(2)卧式数控铣床。主轴轴线平行于水平面,主要用来加工箱体类零件。为了扩大功能和加工范围,通常采用增加数控转盘来实现4轴或5轴加工。这样,工件在一次加工中可以通过转盘改变工位,进行多方位加工,如图9-3所示。

图9-3 卧式数控铣床

（3）立卧两用式数控铣床。主轴轴线方向可以变换，使一台铣床同时具备立式数控铣床和卧式数控铣床的功能。这类铣床适应性更强，适用范围广，生产成本低，所以数量逐渐增多，如图9-4所示。

主轴头采用可以任意方向转换的万能数控主轴头，使其可以加工出与水平面成不同角度的工件表面。另外还可以在这类铣床的工作台上增设数控转盘，以实现对零件的"五面加工"。

扩展知识：五面数控镗铣床和加工中心兼有立式和卧式数控镗铣床的功能，工件一次装夹后能完成除安装面外的所有侧面和顶面等五个面的加工。常见的五面加工中心有两种结构形式，图9-5（a）所示为主轴旋转式，

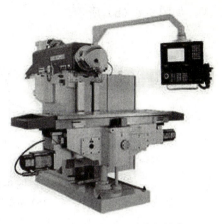

图9-4 立卧两用式数控铣床

主轴可以90°旋转，可以按照立式和卧式两种方式进行切削加工；图9-5（b）所示为工作台旋转式，工作台可以带着工件做90°旋转来完成装夹面外的五面切削加工。

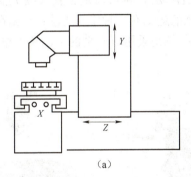 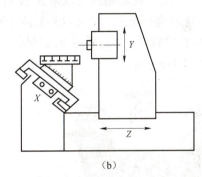

（a）　　　　　　　　　　　　　　　（b）

图9-5 五面数控镗铣加工中心
（a）主轴旋转式；（b）工作台旋转式

2）按数控系统的功能分类

（1）经济型数控铣床。采用步进电动机和单片机对普通铣床的进给系统进行改造后形成的简易型数控铣床，其成本低，功能少，主轴转速和进给速度低，用于精度要求不高的简单平面或曲面零件，加工成本较低。

（2）全功能数控铣床。一般采用半闭环或闭环控制，其加工适应性强，自动化程度和加工精度高，可实现四坐标或四坐标以上的联动，适用于加工精度要求高、形状复杂的零件，应用最为广泛。

（3）高速铣削数控铣床。一般指主轴转速在8 000～40 000 r/min的数控铣床，其进给速度可达10～30 m/min。它采用全新的机床结构和功能完备的数控系统，并配以加工性能优越的刀具系统，可对大面积的曲面进行高效率、高质量的加工。

3）按控制坐标的联动轴数分类

（1）两轴半联动、三轴联动数控铣床。两轴半联动指在插补过程中只有两个坐标轴进行联动加工，第三个轴进行间歇进给运动，用于表面和截面为平面的加工。如图9-6（a）所示，三轴联动机床加工时三个轴在数控系统协调下同时进行插补运动，用于空间曲线和曲面的加

工，如图 9-6（b）所示。

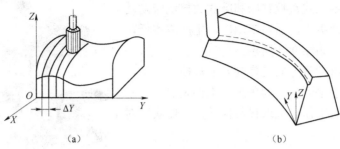

图 9-6　五面数控铣镗铣加工中心
(a) 两轴半联动加工曲面；(b) 三轴联动加工曲面

（2）四坐标是指在 X、Y 和 Z 三个平动坐标轴基础上增加一个转动坐标轴（A 或 B），且四个轴一般可以联动，用来加工螺旋槽、叶片等空间曲面零件，其中，转动轴既可以作用于刀具（刀具摆动型），也可以作用于工件（工作台回转/摆动型）；机床既可以是立式的，也可以是卧式的；此外，转动轴既可以是 A 轴（绕 X 轴转动），也可以是 B 轴（绕 Y 轴转动）。

（3）五轴联动中除 X、Y、Z 以外的两个回转轴的运动有三种实现方法：一是在工作台上采用复合 A、C 轴转台，二是采用 A、C 轴的主轴头，三是采用复合型的主轴和工作台旋转型。如图 9-7 和图 9-8 所示。

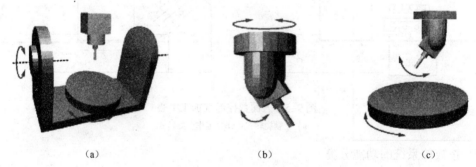

图 9-7　五轴加工中心运动实现方法
(a) 主轴头旋转型；(b) 工作台旋转型；(c) 复合型——主轴和工作台旋转型

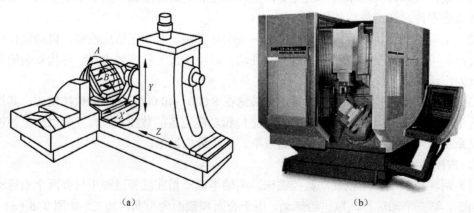

图 9-8　五轴加工图
(a) 卧式；(b) 立式

9.2.2 数控铣床的工件装夹

1. 对夹具的基本要求

（1）为保持工件在本工序中所有需要完成的待加工面充分暴露在外，夹具要做得尽可能开敞，因此夹紧机构元件与加工面之间应保持一定的安全距离，同时要求夹紧机构元件能低则低，以防止夹具与铣床主轴套筒或刀套、刃具在加工过程中发生碰撞。

（2）为保持零件安装方位与机床坐标系及编程坐标系方向的一致性，夹具应能保证在机床上实现定向安装，还要求能协调零件定位面与机床之间保持一定的坐标联系。

（3）夹具的刚性与稳定性要好。尽量不采用在加工过程中更换夹紧点的设计，当必须在加工过程中更换夹紧点时，要特别注意不能因更换夹紧点而破坏夹具或工件的定位精度。

2. 数控铣床常用夹具种类

1）万能组合夹具

万能组合夹具适合于小批量生产或研制时的中、小型工件在数控铣床上进行铣削加工。图9-9所示为铣床用万能组合夹具。

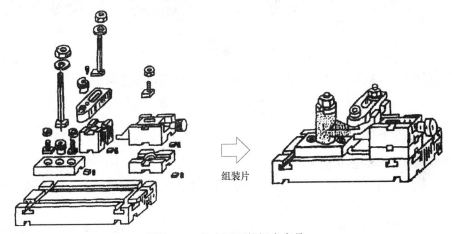

图9-9 铣床用万能组合夹具

2）专用铣削夹具

专用铣削夹具是特别为某一项或类似的几项工件设计制造的夹具，一般在年产量较大或研制过程中非要不可时采用。其结构固定，仅适用于一个具体零件的具体工序，这类夹具设计时应力求简化，使制造时间尽可能缩短。

3）多工位夹具

多工位夹具可以同时装夹多个工件，可减少换刀次数，也便于一面加工、一面装卸工件，有利于缩短辅助时间、提高生产率，较适宜于中批量生产。

4）气动或液压夹具

气动或液压夹具适用于生产批量较大，采用其他夹具又特别费工、费力的工件，能减轻工人劳动强度和提高生产率，但此类夹具结构较复杂，造价往往较高，而且制造周期较长。图9-10所示为数控气动立卧式分度工作台。端齿盘为分度元件，靠气动转位分度，可完成5°为基数的整倍垂直（或水平）回转坐标的分度。

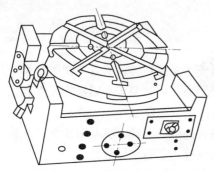

图 9-10 气动立卧式分度工作台

5）通用铣削夹具

图 9-11 所示为数控回转座。一次安装工件，同时可从四面加工坯料，图 9-11（a）可作四面加工；图 9-11（b）和图 9-11（c）可作圆柱凸轮的空间成形面和平面凸轮加工；图 9-11（d）所示为双回转台，可用于加工在表面上成不同角度布置的孔，可作五个方向的加工。

3. 数控铣削夹具的选用原则

在选用夹具时，通常需要考虑产品的生产批量、生产效率、质量保证及经济性，选用时可参照下列原则：

（1）在生产批量小或研制零件时，应广泛采用万能组合夹具，只有在组合夹具无法解决工件装夹问题时才考虑采用其他夹具。

（a）　　　　　（b）　　　　　（c）　　　　　（d）

图 9-11 数控回转度

（2）小批量或成批生产时可考虑采用专用夹具，但应尽量简单。

（3）在生产批量较大时可考虑采用多工位夹具和气动、液压夹具。

9.2.3 数控铣床用刀具

1. 数控铣削刀具的基本要求

（1）铣刀刚性要好：一是为了提高生产率而采用大切削用量的需要；二是为适应数控铣床加工过程中难以调整切削用量的特点。

（2）铣刀的耐用度要高，尤其是当一把铣刀加工的内容很多时，如刀具不耐用而磨损很快，就会影响工件的表面质量与加工精度，而且会增加换刀引起的调刀与对刀次数，也会使工件表面留下因对刀误差而形成的接刀台阶，降低工件的表面质量。

除上述两点之外，铣刀切削刃几何角度参数的选择及排屑性能等也非常重要，切屑黏刀形成积屑瘤在数控铣削中是十分忌讳的。总之，根据被加工工件材料的热处理状态、切削性能及加工余量选择刚性好、耐用度高的铣刀，是充分发挥数控铣床的生产效率和获得满意的加工质量的前提。

2. 常用铣刀的种类

1）面铣刀

如图 9-12 所示，面铣刀的圆周表面和端面上都有切削刃，端部切削刃为副切削刃。面铣刀多制成套式镶齿结构，刀齿为高速钢或硬质合金，刀体为 40Cr。

面铣刀主要用于面积较大的平面铣削和较平坦的立体轮廓的多坐标加工。

高速钢面铣刀按国家标准规定，直径 $d=80\sim 250$ mm，螺旋角 $\beta=10°$，刀齿数 $z=10\sim 26$。

硬质合金面铣刀与高速钢铣刀相比，铣削速度较高、加工效率高、加工表面质量较好，并可加工带有硬皮和淬硬层的工件，故得到广泛应用。合金面铣刀按刀片和刀齿的安装方式不同，可分为整体焊接式、机夹-焊接式和可转位式三种。

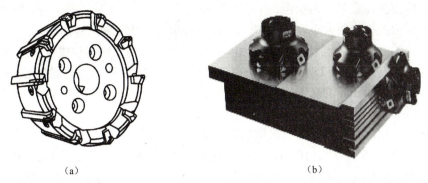

图 9-12 面铣刀

2) 立铣刀

立铣刀也可称为圆柱铣刀，如图 9-13 所示，广泛用于加工平面类零件。立铣刀圆柱表面和端面上都有切削刃，它们可同时进行切削，也可单独进行切削。立铣刀圆柱表面的切削刃为主切削刃，端面上的切削刃为副切削刃。主切削刃一般为螺旋齿，如图 9-13（a）和图 9-13（b）所示，这样可以增加切削平稳性，提高加工精度。一种先进的结构为切削刃是波形的，如图 9-13（c）所示，其特点是排屑更流畅、切削厚度更大，利于刀具散热，提高了刀具寿命，且刀具不易产生振动。

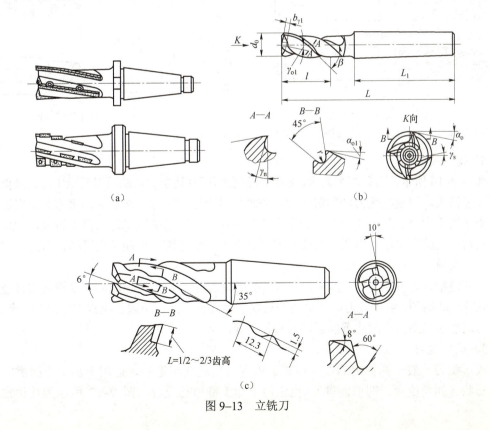

图 9-13 立铣刀

立铣刀的分类：

（1）立铣刀按端部切削刃的不同可分为过中心刃和不过中心刃两种。

（2）立铣刀按齿数可分为粗齿、中齿和细齿三种。

（3）立铣刀按螺旋角大小可分为 30°、40° 和 60° 等几种形式。

直径较小的立铣刀，一般制成带柄形式。$\phi 2 \sim \phi 71$ mm 的立铣刀制成直柄；$\phi 6 \sim \phi 63$ mm 的立铣刀制成莫氏锥柄；$\phi 25 \sim \phi 80$ mm 的立铣刀制成 7:24 锥柄，内有螺孔用来拉紧刀具；直径大于 $\phi 40 \sim \phi 160$ mm 的立铣刀可制成套式结构。

3）模具铣刀

模具铣刀由立铣刀发展而成，它是加工金属模具型面的铣刀的统称，可分为圆锥形立铣刀（圆锥半角=3°、5°、7°、10°）、圆柱形球头立铣刀和圆锥形球头立铣刀三种，其柄部有直柄、削平型直柄和莫氏锥柄。其结构特点是球头或端面上布满了切削刃，圆周刃与球头刃圆弧连接，可以做径向和轴向进给。铣刀工作部分用高速钢或硬质合金制造。国家标准规定，其直径 $d=4 \sim 63$ mm。小规格的硬质合金模具铣刀多制成整体式结构，如图 9–14 和图 9–15 所示。$\phi 16$ mm 以上直径的，制成焊接或机夹可转位刀片结构。

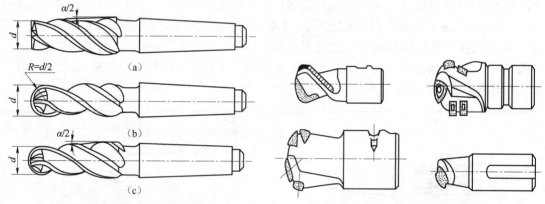

图 9–14 整体式模具铣刀　　图 9–15 硬质合金模具铣刀

（a）圆锥形立铣刀；（b）圆柱形球头立铣刀；（c）圆锥形球头立铣刀

4）键槽铣刀

如图 9–16 所示，它有两个刀齿，圆柱面和端面都有切削刃，端面刃延至中心，既像立铣刀，又像钻头。用键槽铣刀铣削键槽时，先轴向进给达到槽深，然后沿键槽方向铣出键槽全长。由于切削力会引起刀具和工件的变形，故一次走刀铣出的键槽形状误差较大，槽底一般不是直角。为此，通常采用两步法铣削键槽，即先用小号铣刀粗加工出键槽，然后以逆铣方式精加工四周，可得到真正的直角。

直柄键槽铣刀直径 $d=2 \sim 22$ mm，锥柄键槽铣刀直径 $d=14 \sim 50$ mm。键槽铣刀直径的偏差有 e8 和 d8 两种。键槽铣刀的圆周切削刃仅在靠近端面的一小段长度内发生磨损，重磨时，只需刃磨端面切削刃，因此重磨后铣刀直径不变。

5）成形铣刀

成形铣刀一般是为特定的工件或加工内容专门设计制造的，适用于加工平面类零件的特定形状（如角度面、凹槽面等），也适用于加工特形孔或台，图 9–17 所示为几种常用的成形铣刀。

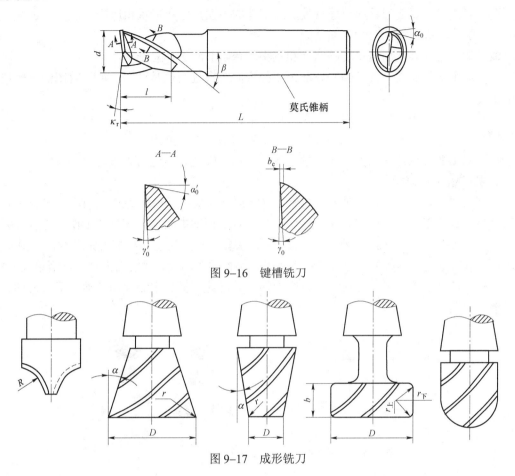

图 9-16 键槽铣刀

图 9-17 成形铣刀

6）锯片铣刀

锯片铣刀可分为中小型规格的锯片铣刀和大规格的锯片铣刀，数控铣削加工中心主要用中小型规格的锯片铣刀。目前国外已生产出可转位锯片铣刀，如图 9-18 所示。锯片铣刀主要用于大多数材料的切槽、切断、内外槽铣削、组合铣削、缺口实验的槽加工和齿轮毛坯粗齿加工等。

（a） （b）

图 9-18 锯片铣刀

3. 铣削刀具的选择

选取刀具时,要使刀具的尺寸与被加工工件的表面尺寸和形状相适应。

(1) 加工较大的平面应选择面铣刀。

(2) 加工平面零件周边轮廓、凹槽和较小的台阶面应选择立铣刀。

(3) 加工空间曲面、模具型腔或凸模成形表面等多选用模具铣刀;加工封闭的键槽选用键槽铣刀。

(4) 加工变斜角零件的变斜角面应选用鼓形铣刀。

(5) 加工立体型面和变斜角轮廓外形常采用球头铣刀及鼓形刀。

(6) 加工各种直的或圆弧形的凹槽、斜角面和特殊孔等应选用成形铣刀。

4. 数控铣削用刀柄

刀柄的作用是使刀具和主轴连接起来,按结构分为整体式和模块式,如图 9–19 所示。柄部和夹持刀具的工作部分连成一体为整体式;工具的柄部中间连接部分和工作部分分开为模块式。按刀具夹紧方式分有弹簧夹头夹紧、侧向夹紧、液压夹紧和冷缩夹紧几种,如图 9–20 所示;按所夹持的刀具种类分有圆柱铣刀刀柄、锥柄钻头刀柄、盘铣刀刀柄、直柄钻头刀柄、镗刀刀柄、丝锥刀柄,另外还有其他特殊刀柄,如增速刀柄、中心冷却刀柄、多刀刀柄、角度刀柄,如图 9–21 所示。

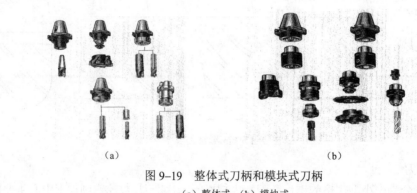

(a)　　　　　　　　　　(b)

图 9–19　整体式刀柄和模块式刀柄

(a) 整体式;(b) 模块式

(a)　　　(b)　　　(c)　　　(d)

图 9–20　不同种类夹头的刀柄

(a) 弹簧夹头夹紧式;(b) 侧向夹紧式;(c) 液压夹紧式;(d) 冷缩夹紧式

9.2.4　数控铣床的对刀

对刀的目的是通过刀具或对刀工具确定工件坐标系与机床坐标系之间的空间位置关系,并将对刀数据输入到相应的存储位置,是数控加工中最重要的操作内容,其准确性将直接影

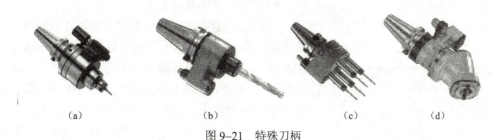

图 9-21 特殊刀柄
(a) 增速刀柄；(b) 中心冷却刀柄；(c) 多刀刀柄；(d) 角度刀柄

响零件的加工精度。

1. 对刀方法

根据现有条件和加工精度要求选择对刀方法，可采用试切法、寻边器对刀、机内对刀仪对刀、自动对刀等。一般以机床主轴轴线与刀具端面的交点（主轴中心）为刀位点。因此，无论采用哪种方法对刀，结果都是使机床主轴轴线与刀具端面的交点和对刀点重合。

（1）工件坐标系原点为圆柱孔或圆柱面的中心线，采用主轴百分表对刀，如图 9-22 所示。这种操作方法比较麻烦，效率较低，但对刀精度较高，对被测孔的精度要求也较高，主要用于经过铰或镗加工的孔，仅粗加工后的孔不宜采用。

（2）工件坐标系原点（对刀点）为两相互垂直直线的交点，如果对刀精度要求不高，为方便操作，可以采用加工时所使用的刀具直接进行碰刀（或试切）对刀。这种方法比较简单，但会在工件表面留下痕迹，且对刀精度不够高，如图 9-23 所示，对

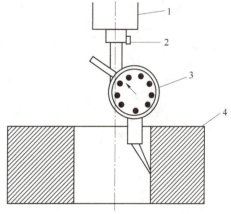

图 9-22 采用主轴百分表对刀
1—主轴；2—磁性表座；3—百分表；4—工件

刀后所在位置数值应减去刀具半径值。为避免损伤工件表面，可以在刀具和工件之间加入塞尺进行对刀，这时应将塞尺的厚度减去。依此类推，还可以采用标准心轴和块规来对刀，如图 9-24 所示。

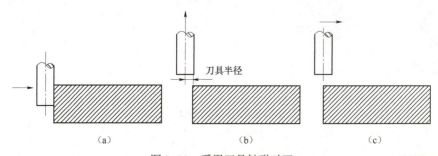

图 9-23 采用刀具触碰对刀
(a) 步骤①和②；(b) 步骤③；(c) 步骤④

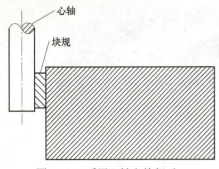

图 9-24 采用心轴和块规对刀

（3）采用寻边器对刀。

寻边器有偏心式和光电式等类型，其中以偏心式较为常用。偏心式寻边器的测头一般为 10 mm 和 4 mm 的圆柱体，用弹簧拉紧在偏心式寻边器的测杆上。光电式寻边器的测头一般为 10 mm 的钢球，用弹簧拉紧在光电式寻边器的测杆上，碰到工件时可以退让，并将电路导通，发出光信号。通过寻边器的指示和机床坐标位置可得到被测表面的坐标位置，如图 9-25 所示。

（4）刀具 Z 向对刀。

刀具 Z 向对刀可以采用刀具直接碰刀对刀，也可利用 Z 轴设定器进行精确对刀。Z 轴设定器主要用于确定工件坐标系原点在机床坐标系的 Z 轴坐标，或者说是确定刀具在机床坐标系中的高度。

图 9-25 寻边器对刀
(a) 偏心式寻边器；(b) 光电式寻边器；(c) 寻边器对刀

Z 轴设定器有光电式和指针式等类型，如图 9-26 所示。通过光电指示或指针判断刀具与对刀器是否接触，对刀精度一般可达 0.005 mm。Z 轴设定器带有磁性表座，可以牢固地附着在工件或夹具上，其高度一般为 50 mm 或 100 mm。

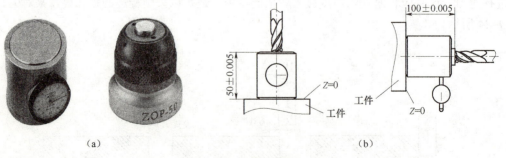

图 9-26 刀具 Z 向对刀
(a) Z 轴设定器；(b) 对刀过程

2. 对刀实例

以精加工过的零件毛坯为例，如图 9-27 所示，设定机床坐标系 X、Y 在工件中心的位置，

Z 在工件上表面,其详细步骤如下:

(1)使用寻边器进行 X、Y 向对刀。

① 将工件通过夹具装在机床工作台上,装夹时,工件的四个侧面都应留出寻边器的测量位置。

② 快速移动工作台和主轴,让寻边器测头靠近工件的左侧。

③ 改用手轮操作,让测头慢慢接触到工件左侧,直到目测寻边器的下部侧头接触上工件亮灯后,将机床坐标设置为相对坐标值显示,设置 X 坐标为 0。

④ 抬起寻边器至工件上表面之上,快速移动工作台和主轴,让测头靠近工件右侧接触,若测头直径为 10 mm,则坐标显示为 110.000。

⑤ 提起寻边器,然后将刀具移动到工件的 X 中心位置,中心位置的坐标值为 110.000/2=55,查看并记录此时机械坐标系中的 X 坐标值。此值为工件坐标系原点值。

⑥ 同理可测得工件坐标系原点 W 在机械坐标系中的 Y 坐标值。

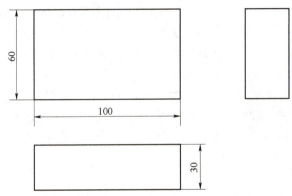

图 9-27　100 mm×60 mm×30 mm 的零件

(2)使用 Z 轴设定器进行 Z 轴对刀。

① 卸下寻边器,将加工所用刀具装上主轴。

② 将 Z 轴设定器吸附在工件上端面。

③ 快速移动主轴,让刀具端面靠近 Z 轴设定器工作面。

④ 改用手轮微调操作,使用刀具轻轻抵触 Z 轴设定器弹性测头,调整刀具高低,使 Z 轴设定器到标准位置 50 mm 高。

⑤ 记录此时机床机械坐标系中的 Z 值,减去 50 mm 即为工件坐标 Z 轴零点值。

将测得的 X、Y、Z 值输入机床工件坐标系存储地址中(一般使用 G54~G59 代码存储对刀参数)。

3. 对刀注意事项

(1)根据加工要求采用正确的对刀工具,控制对刀误差。

(2)在对刀过程中,可通过改变微调进给量来提高对刀精度。

(3)对刀时需谨慎操作,尤其要注意移动方向,避免发生碰撞危险。

(4)对刀数据一定要存入与程序对应的存储地址,防止因调用错误而产生严重后果。

9.2.5 典型铣削零件的工艺分析

1. 适用于数控铣床的主要加工对象

1）平面类零件

平面类零件的特点是各个加工表面是平面，或可以展开为平面。目前在数控铣床上加工的绝大多数零件均属于平面类零件。平面类零件是数控铣削加工对象中最简单的一类，一般只需用三轴数控铣床的两轴联动（即两轴半坐标加工）就可以加工。

2）曲面类（立体类）零件

曲面定义：加工面为空间曲面的零件。

加工方法：曲面类零件的加工面与铣刀始终为点接触，一般采用三轴联动数控铣床加工，常用的加工方法主要有下列两种：

（1）采用两轴半联动行切法加工。行切法是在加工时只有两个坐标联动，另一个坐标按行距周期性进给。这种方法常用于不太复杂的空间曲面的加工，如图9-6（a）所示。

（2）采用三轴联动方法加工。所用的铣床必须具有 X、Y、Z 三轴联动加工功能，可进行空间直线插补。这种方法常用于发动机及模具等较复杂空间曲面的加工。如图9-6（b）所示。

3）箱体类零件

箱体零件定义：指具有一个以上孔系，内部有一定型腔或空腔，在长、高、宽方向有一定比例的零件，如图9-28所示。

加工原则：先面后孔，先主后次，先粗后精。

2. 数控铣削加工工艺过程

（1）分析零件图的完整性和正确性。根据图纸尺寸确定相关点的编程坐标值，如构成零件轮廓的几何元素（点、线、面）的相互关系（如相切、相交、垂直和平行等）的给定条件是否充分，应无引起矛盾的多余尺寸或影响工序安排的封闭尺寸等。

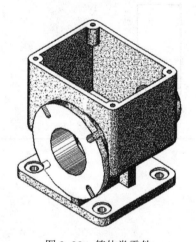

图9-28 箱体类零件

（2）零件结构工艺性分析及处理。譬如薄壁件，注意工件变形，做必要的防护处理。如图9-29（a）所示，零件底面与肋板的转接圆弧，对零件铣削工艺性的影响 r 值过大时，将导致铣刀有效切削面积减小。肋板的高度与内转接圆弧对铣削工艺性的影响（圆弧不能过小）如图9-29（b）所示。

（3）逆铣、顺铣的确定，如图9-30所示。

逆铣：当铣刀旋转方向和切削进给方向相反时称为逆铣，刀具从已加工表面切入，切削厚度逐渐增大（刀具从下往上铲）。逆铣时，当铣刀刀齿接触工件后不能马上切入金属层，而是在工件表面滑动一小段距离时，在滑动过程中，由于强烈的磨擦，就会产生大量的热量，同时在待加工表面易形成硬化层，降低刀具的耐用度，影响工件的表面粗糙度，给切削带来不利。

顺铣：当铣刀的旋转方向和工件进给方向相同时称为顺铣，刀具从待加工表面切入，刀齿的切削厚度从最大开始（刀具从上往下刨）。顺铣时，刀齿开始和工件接触时切削厚度最大，且从表面硬质层开始切入，刀齿受很大的冲击负荷，铣刀变钝较快，但刀齿切入过程中没有

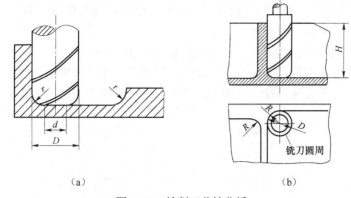

图 9–29 铣削工艺性分析

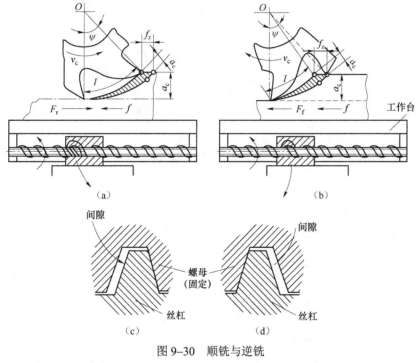

图 9–30 顺铣与逆铣
(a) 逆铣；(b) 顺铣；(c) 右侧贴紧；(d) 左侧贴紧

滑移现象。

顺铣和逆铣方式的选择：

① 顺铣的功率消耗要比逆铣时小，在同等切削条件下，顺铣功率消耗要低 5%～15%，同时顺铣也更加有利于排屑。当工件表面无硬皮、进给机构无间隙时，应选用顺铣，按照顺铣安排进给路线。

② 精铣时，尤其是零件材料为铝镁合金、钛合金或耐热合金时，一般应尽量采用顺铣法加工，以降低降低表面粗糙度，减小刀齿磨损，保证尺寸精度。

③ 工件表面有硬皮、机床进给有间隙时选择逆铣，逆铣时机床进给机构的间隙不会引起振动和爬行，刀具从已加工表面切入，不会崩刃，这符合粗铣的要求，所以粗铣时尽量选择逆铣。

④ 主轴正向旋转时,刀具为右旋铣刀。精铣时用 G41 左补偿进行刀具补偿(顺铣),粗铣时用 G42 建立刀具补偿(逆铣)。

(4)铣刀的不同加工方式:周铣和端铣,如图 9–31 所示。

周铣是指利用分布在铣刀圆柱面上的切削刃来形成平面(或表面)的铣削方法。

端铣是指利用分布在铣刀端面上的端面切削刃来形成平面的铣削方法。

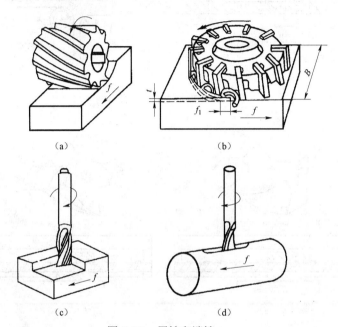

图 9–31 周铣和端铣

(a)圆柱形铣刀的周铣;(b)端铣刀的端铣;(c)立铣刀同时周、端铣;(d)键槽铣刀的周、端铣

(5)数控铣床切削用量的有关概念。

① 背吃刀量和侧吃刀量,如图 9–32 所示。

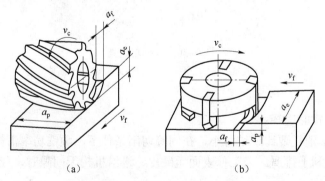

图 9–32 背吃刀量和侧吃刀量

背吃刀量 a_p 为铣刀轴线方向测量的切削层尺寸,端铣时为切削层深度,周铣时为加工表面的宽度。

侧吃刀量 a_e 为铣刀径向测量的切削层尺寸,端铣时为加工表面宽度,周铣时为切削层深度。

② 进给量和进给速度。

铣削加工的每转进给量 f，单位为 mm/r，指刀具每转一周，工件与刀具沿进给方向的相对位移量。

每齿进给量为：

$$f_z = f/z$$

进给速度为 F（mm/min），进给速度和每转进给量的关系为

$$F = n \cdot f$$

③ 切削速度。

$$v_c = \pi \cdot D \cdot n / 1\,000 \text{（m/min）}$$

（6）刀具切入、切出工件的方法和进给路线。

① 切入点选择原则：对于粗加工，从不损坏刀具的角度考虑，应选择加工余量相对较少的部位切入，或者从空位置切入。当用圆弧插补方式铣削外整圆时，如图 9-33 所示，要安排刀具从切向进入圆周铣削加工，铣削平面零件外轮廓时，一般采用立铣刀侧刃切削。刀具切入工件时，应避免沿零件外轮廓的法向切入，因而应沿切削起始点的延伸线逐渐切入工件，以保证零件曲线的平滑过渡。

② 切出点选择原则：考虑换刀方便以及加工曲面刀具轨迹的完整性和连续性。在切离工件时，也应避免在切削终点处直接抬刀，要沿着切削终点延伸线逐渐切离工件。当整圆加工完毕后，不要在切点处直接退刀，而应让刀具沿切线方向多运动一段距离，以免取消刀补时刀具与工件表面相碰，造成工件报废。

③ 铣削封闭的内轮廓表面，若内轮廓曲线不允许外延，如图 9-34（a）所示，刀具只能沿内轮廓曲线的法向切入、切出，此时刀具的切入、切出点应尽量选在内轮廓曲线两几何元素的交点处。当内部几何元素相切无交点时，为防止刀补取消时在轮廓拐角处留下凹口，刀具切入、切出点应远离拐角。当用圆弧插补铣削内圆弧时，也要遵循从切向切入、切出的原则，最好安排从圆弧过渡到圆弧的加工路线，以提高内孔表面的加工精度和质量，如图 9-34（b）所示。

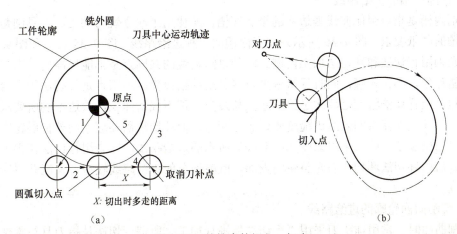

图 9-33 外轮廓的切入、切出

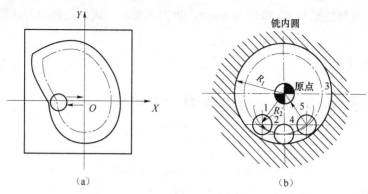

图 9-34 内轮廓的切入、切出

④ 轴向进刀方式的确定。

包括 Z 方向进刀,沿圆弧、曲面的切矢方向进刀,沿螺旋线或斜线进刀方式,如图 9-35 所示。

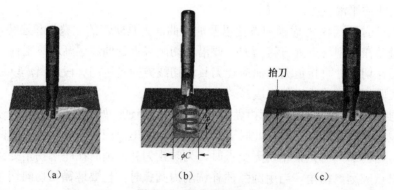

图 9-36 轴向进刀方式

(a) 立铣刀单向斜线进刀;(b) 立铣刀螺旋进刀;(c) 立铣刀 Z 字形进刀

⑤ 铣削内槽的进给路线。

所谓内槽是指以封闭曲线为边界的平底凹槽,一律用平底立铣刀加工,刀具圆角半径应符合内槽的图纸要求。图 9-36 所示为加工内槽的三种进给路线。图 9-36(a) 和图 9-36(b) 所示分别为用行切法和环切法加工内槽。两种进给路线的共同点是都能切净内腔中的全部面积,不留死角,不伤轮廓,同时尽量减少重复进给的搭接量。不同点是行切法的进给路线比环切法短,但行切法将在每两次进给的起点与终点间留下残留面积,故达不到所要求的表面粗糙度;用环切法获得的表面粗糙度要好于行切法,但环切法需要逐次向外扩展轮廓线,刀位点计算稍微复杂一些。采用如图 9-35(c) 所示的进给路线,即先用行切法切去中间部分余量,最后用环切法环切一刀光整轮廓表面,既能使总的进给路线较短,又能获得较好的表面粗糙度。

⑥ 铣削曲面轮廓的进给路线。

铣削曲面时,常用球头刀采用"行切法"进行加工。所谓行切法是指刀具与零件轮廓的切点轨迹是一行一行的,而行间的距离是按零件加工精度的要求确定的。对于边界敞开的曲

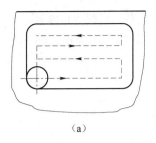 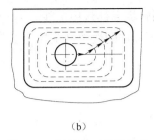 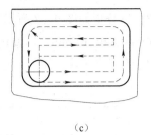

(a) (b) (c)

图 9-36 凹槽加工进给路线

(a) 行切法；(b) 环切法；(c) 综合法

面加工，可采用两种加工路线，图 9-37 所示为发动机大叶片的加工，当采用如图 9-37（a）所示的加工方案时，每次沿直线加工，刀位点计算简单、程序少，加工过程符合直纹面的形成，可以准确保证母线的直线度；当采用如图 9-37（b）所示的加工方案时，符合这类零件数据的给出情况，便于加工后检验，叶形的准确度较高，但程序较多。由于曲面零件的边界是敞开的，没有其他表面限制，所以曲面边界可以延伸，球头刀应由边界外开始加工。

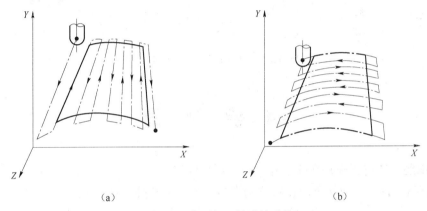

(a) (b)

图 9-37 曲面加工的进给路线

注意：轮廓加工中应避免进给停顿，否则会在轮廓表面留下刀痕；若在被加工表面范围内垂直下刀和抬刀，也会划伤表面。

为提高工件表面的精度和减小表面粗糙度，可以采用多次走刀的方法，精加工余量一般以 0.2～0.5 mm 为宜。

选择工件在加工后变形小的走刀路线。对横截面积小的细长零件或薄板零件，应采用多次走刀加工达到最后尺寸，或采用对称去余量法安排走刀路线。

9.3 实训内容

（1）到实习工厂或数控加工实训室进行实训，熟悉数控铣床的结构特点及其分类，掌握数控铣床常用刀具、夹具和量具的分类与使用办法。

（2）到数控仿真实训室，使用数控仿真软件对设置工件零点的几种方法进行数控仿真模拟训练。

（3）试分析如图 9-38 所示的轴类零件数控车削加工工艺过程。材料 YH12 铝，毛坯尺寸 100 mm×80 mm×15 mm，试分析该零件的数控铣削加工工艺，如零件图分析、装夹方案、加工顺序、刀具卡和工艺卡等。

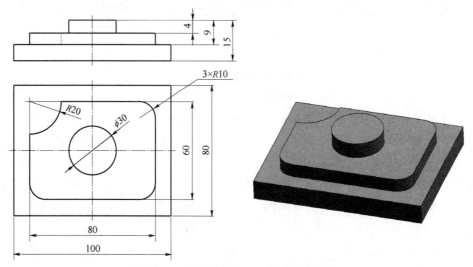

图 9-38　数控铣削加工工艺实训零件图

9.4　自　测　题

1. 选择题（请将正确答案的序号填写在括号中）

（1）安装零件时，应尽可能使定位基准与（　　）基准重合。

A. 测量　　　　　　B. 设计　　　　　　C. 装配　　　　　　D. 工艺

（2）机床夹具按（　　）分类，可分为通用夹具、专用夹具和组合夹具等。

A. 使用机床类型　　B. 驱动夹具工作的动力源

C. 夹紧方式　　　　D. 专门化程度

（3）加工中心与数控铣床编程的主要区别是（　　）。

A. 指令格式　　　　B. 换刀程序　　　　C. 宏程序　　　　　D. 指令功能

（4）数控铣床切削用量三要素——切削速度 v、进给量 f 和背吃刀量 a_p 选择的次序为（　　）。

A. v, f, a_p　　　　B. f, a_p, v　　　　C. a_p, f, v　　　　D. f, v, a_p

（5）下列刀具材料中，相对比较软的刀具材料是（　　）。

A. 高速钢　　　　　B. 立方氮化硼　　　C. 涂层硬质合金　　D. 氧化物陶瓷

（6）数控机床对刀过程实际上是确定（　　）的过程。

A. 编程原点　　　　B. 刀架参考点　　　C. 刀偏量　　　　　D. 刀尖起始点

2. 判断题（请将判断结果填入括号中，正确的填"√"，错误的填"×"）

（1）如果铣床主轴轴向窜动超过公差，那么铣削时会产生较大的振动。　　　　（　　）

（2）精加工时，使用切削液的目的是降低切削温度，即起冷却作用。　　　　　（　　）

（3）用端铣方法铣平面，造成平面度误差的主要原因是铣床主轴的轴线与进给方向不垂直。（　　）

（4）用端铣刀铣平面时，铣刀刀齿参差不齐，对铣出平面的平面度好坏没有影响。（　　）

（5）圆周铣削时的切削厚度是随时变化的，而端铣时切削厚度不变。（　　）

（6）在轮廓铣削加工中，若采用刀具半径补偿指令编程，刀补的建立与取消应在轮廓上进行，这样的程序才能保证零件的加工精度。（　　）

（7）在立式铣床上铣削曲线轮廓时，立铣刀的直径应大于工件上最小凹圆弧的直径。（　　）

3. 简答题

（1）数控铣削中顺铣和逆铣的选择原则是什么？

（2）数控铣床常用的对刀方法有哪些？

项目 10　数控铣平面及外轮廓加工

典型案例：在 FANUC 0I Mate-MC 数控铣床床上加工如图 10-1 所示零件，设毛坯是 100 mm×100 mm×35 mm 的已粗加工胚料，材料为 45 钢，要求编制数控加工程序并完成零件的加工。

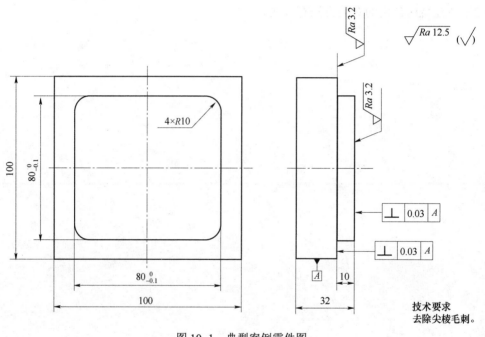

图 10-1　典型案例零件图

10.1　技 能 解 析

（1）掌握数控铣床基本编程指令绝对值指令 G90 与增量值指令 G91、圆弧插补指令 G02 和 G03 及整圆编程在数控铣床上的应用方法。

（2）掌握在数控铣床上进行刀具半径补偿 G41、G42、G40 指令的使用方法，包括半径补偿的引入过程、补偿的进行、补偿的取消过程。

（3）掌握数控铣床回参考点指令、数控加工中心换刀指令的使用方法。

（4）掌握在数控铣床上进行平面铣削的工艺方法、外轮廓加工的工艺方法和刀具进刀路线及合理安排切削参数等。

10.2 相关知识

10.2.1 圆弧插补（G02、G03）

功能：数控铣床圆弧插补指令基本格式与功能和项目 5 相同，可以命令刀具在各坐标平面内切削圆弧内外轮廓。

G02：顺时针圆弧插补指令。

G03：逆时针圆弧插补指令。

1. 圆弧插补指令格式一

$$\begin{Bmatrix} G17 \\ G18 \\ G19 \end{Bmatrix} \begin{Bmatrix} G02 \\ G03 \end{Bmatrix} X\_Y\_Z\_ R\_ F\_;$$

程序中：

G17——插补 XY 平面的圆弧。

G18——插补 ZX 平面的圆弧。

G19——插补 YZ 平面的圆弧。

加工平面确定情况下，G17、G18、G19 可省略。

X，Y，Z——G90 时为圆弧终点在工件坐标系中的坐标；G91 时为圆弧终点相对于圆弧起点的位移量。

R——圆弧半径。

F——圆弧插补的速度。

2. 关于优弧和劣弧的 R 值的确定

用半径 R 指定圆心位置时，由于在同一半径 R 的情况下，从圆弧的起点到终点有两个圆弧（优弧和劣弧）的可能性，如图 10-2 所示。因此，在编程时，规定圆心角小于或等于 180°圆弧时 R 值为正，如图 10-2 中圆弧①；圆心角大于 180°圆弧时 R 值为负，如图 10-2 中圆弧②。

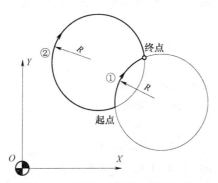

图 10-2 优弧和劣弧的 R 值的正负

例：用 G90、G91 分别对图 10-3 所示劣弧 a 和优弧 b 编程。

编程如下:

(1) 圆弧 a。

G90　G02　X0　Y30　R30　F300;

G91　G02　X30　Y30　R30　F300;

(2) 圆弧 b。

G90　G02　X0　Y30　R−30　F300;

G91　G02　X30　Y30　R−30　F300;

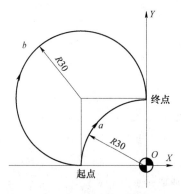

图 10-3　圆弧编程图例

3. 圆弧插补指令格式二

$$\begin{Bmatrix} G17 \\ G18 \\ G19 \end{Bmatrix} \begin{Bmatrix} G02 \\ G03 \end{Bmatrix} X\_\_Y\_\_Z\_\_I\_\_J\_\_K\_\_F\_\_;$$

程序中:

X, Y, Z——G90 时为圆弧终点在工件坐标系中的坐标;G91 时为圆弧终点相对于圆弧起点的位移量;

I, J, K——分别表示圆心相对于圆弧起点的 X、Y、Z 的有向距离,无论是绝对编程还是增量编程都是以增量方式指定;

F——圆弧插补的速度。

例:仍以图 10-3 为例,用 G90、G91 分别对图 10-3 所示劣弧 a 和优弧 b 编程(I、J、K 编程)。

编程如下:

(1) 圆弧 a。

G91　G02　X30　Y30　I30　J0　F300;

G90　G02　X0　Y30　I30　J0　F300;

(2) 圆弧 b。

G91　G02　X30　Y30　I0　J30　F300;

G90　G02　X0　Y30　I0　J30　F300;

4. 三坐标数控铣床顺时针、逆时针圆弧的判断方法

使用右手迪卡尔坐标系确定三个坐标轴,沿垂直于要加工的圆弧所在平面(插补平面)

的坐标轴由正方向向负方向看，刀具相对于工件的转动方向是顺时针方向为 G02，是逆时针方向为 G03，如图 10-4 所示。

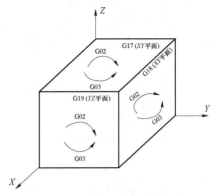

图 10-4 顺圆与逆圆的判断

5. 关于整圆的编程方法

整圆编程时不能用 R，只能用 I、J、K 编程。

以图 10-5 为例：使用 G90 和 G91 对图 10-5 所示的整圆编程。

（1）从 A 点顺时针一周。

G90　G02　X30　Y0　I-30　J0　F300；
G91　G02　X0　Y0　I-30　J0　F300；

（2）从 B 点逆时针一周。

G90　G03　X0　Y-30　I0　J30　F300；
G91　G03　X0　Y0　I0　J30　F300；

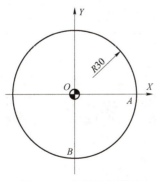

图 10-5 整圆编程图例

10.2.2 数控铣床刀具半径补偿功能

在数控编程过程中，编程人员在编程时一般不考虑刀具的半径和长度，只需要考虑工件的轮廓轨迹，即刀位点与编程轨迹重合。但是在实际加工中，由于刀具半径的存在以及刀具长度各不相同，会造成很大的加工误差。如图 10-6 所示，编程轮廓是实线部分，如果刀具按照实际轮廓行进，会造成较大的误差。为确保实际加工轮廓和编程轨迹完全一致，要求数控机床根据实际使用的刀具尺寸自动调整坐标轴位置，按照图 10-6 中点画线位置行进，即要求具有刀具半径补偿功能。

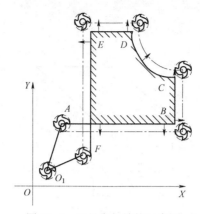

图 10-6　刀具半径补偿示意图

1. 刀具半径补偿指令（G40、G41、G42）

功能：使刀具在所选择的平面内向左或向右偏置一个刀具半径值，编程时只需要按零件的实际轮廓编程，不需要考虑刀具中心的运行轨迹，从而简化轨迹点位计算和程序编制。

格式：

$$\begin{Bmatrix} G17 \\ G18 \\ G19 \end{Bmatrix} \begin{Bmatrix} G40 \\ G41 \\ G42 \end{Bmatrix} \begin{Bmatrix} G00 \\ G01 \end{Bmatrix} X\_Y\_Z\_\ D\_;$$

程序中：

G17——刀具半径补偿平面为 XY 平面；

G18——刀具半径补偿平面为 ZX 平面；

G19——刀具半径补偿平面为 YZ 平面；

G40——取消刀具半径补偿；

G41——左刀补（在刀具前进方向左侧补偿），如图 10-7（a）所示；

G42——右刀补（在刀具前进方向右侧补偿），如图 10-7（b）所示；

X，Y，Z——G00、G01 的参数，即刀补建立或取消的点位坐标数值；

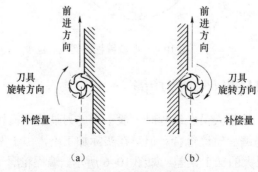

图 10-7　左刀补与右刀补
（a）左刀补；（b）右刀补

D——指定了刀具偏置存储器号,在地址 D 后所对应的存储器中存入相应的偏置值,通常为刀具半径值。

说明:

(1)刀具半径补偿的建立与取消只能用 G00 或 G01 指令,不得采用 G02 或 G03 指令。

(2)机床默认为取消刀具补偿状态。

(3)刀具半径补偿平面的切换必须在补偿取消方式下进行。

2. 刀具半径补偿过程

刀具半径补偿的实现分为三步,即刀补引入、刀补执行和刀补取消,其都是在运动过程中进行的。如图 10-8 所示,实线是编程轨迹,点画线是刀位的实际运行轨迹。

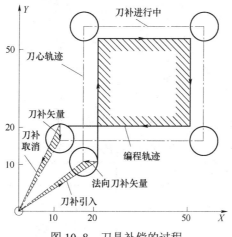

图 10-8 刀具补偿的过程

3. 刀具半径补偿的作用

(1)刀具在使用过程中磨损,直径变小,使得加工尺寸不能保证,可通过改变刀具补偿值来保证加工精度,如图 10-9(a)所示。

(2)通过改变刀具半径补偿值,可以使用同一加工程序实现对产品的粗、精加工,如图 10-9(b)所示。

(3)模具加工中,通过改变刀具半径补偿值,可使用同一加工程序实现阳模(外轮廓)和阴模(内轮廓)的加工,如图 10-9(c)所示。

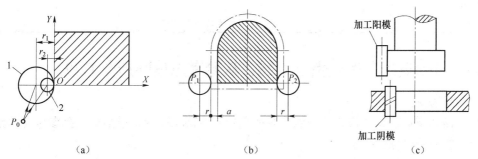

图 10-9 刀具半径补偿作用

1—未磨损刀具;2—磨损后刀具

P_0—刀具磨损前和磨损后刀心位置;P_1—粗加工刀心位置;P_2—精加工刀心位置

例：考虑刀具半径补偿，编制如图 10-10 所示轮廓的加工程序。要求建立如图 10-10 所示工件坐标系，按箭头所指示的路径进行加工，设加工开始时刀具距离工件上表面 50 mm，切削深度为 10 mm，数控加工程序见表 10-1。

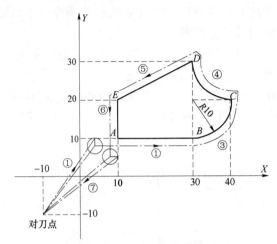

图 10-10 刀具补偿编程示例

表 10-1 刀具补偿编程

程　　序	说　　明
O0101	程序名
N2 G00 G17 G90 G40 G49;	确定工件坐标原点
N6 G92 X-10 Y-10 Z50;	
N8 M03 S800;	
N10 G00 Z2;	
N12 G00 X4 Y10 G42 D01;	建立刀具右补偿，补偿寄存器号 01
N14 G01 Z-10 F500;	切深 10 mm
N16 X30;	沿轮廓切削
N18 G03 X40 Y20 R10;	
N20 G02 X30 Y30 I0 J10;	
N22 G01 X10 Y20;	
N24 G01 Y5;	
N26 G00 X-10 Y-10 G40;	返回初始点，取消刀具半径补偿
N28 Z50;	
N30 M05;	
N32 M30;	程序结束并返回

10.2.3　自动返回参考点指令 G28、从参考点返回指令 G29

1. G28 功能

执行该指令后，刀具快速移动到指令所指定的中间点位置，然后返回到参考点，返回参考点后，相应的坐标轴指示灯亮。

格式：G28　X__ Y__ Z__；

说明：

(1) 指令执行后，所有受控轴都将快速定位到中间点，然后再从中间点到参考点。G90 绝对编程时，指令中 X、Y、Z 后面的数值为返回参考点时所经过的中间点坐标；G91 编程时为中间点相对于起点的位移增量。

(2) G28 指令用于刀具自动更换或者消除机械误差，在执行该指令之前应取消刀具半径补偿和刀具长度补偿。

(3) G28 执行过程中不仅进行坐标轴移动指令，还记忆了中间点坐标值，供 G29 指令使用。

2. G29 功能

执行该指令后，刀具由参考点，经由 G28 指令中记忆的中间点，返回到指令值所给出的坐标位置。

格式：G29 X_Y_Z_；

说明：

(1) 指令中 X、Y、Z 后面的数值在采用 G90 编程时为定位终点在工件坐标系中的坐标，在采用 G91 编程时为定位终点相对于 G28 中间点的位移量。

(2) G29 指令可以使编程轴以快速进给经过由 G28 指令定义的中间点，然后再到达指定点，该指令通常紧跟在 G28 指令后。

说明：指令中 X、Y、Z 后面的数值是指刀具的目标点坐标。这里经过的中间点就是 G28 指令所指定的中间点，故刀具可经过这一安全通路到达欲切削加工的目标点位置。所以用 G29 指令之前，必须先用 G28 指令，否则 G29 会因不知道中间点位置而发生错误。

例：如图 10-11 所示，要求刀具由 A 点经过中间点 B 并返回参考点，然后从参考点经由中间点 B 返回到 C，并在 C 点换刀。

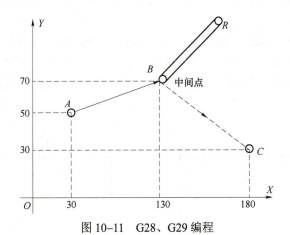

图 10-11 G28、G29 编程

编程如下：

G90 G28 X130 Y70；
G29 X180 Y30；
M06 T01；

10.3 工艺分析及数据计算

10.3.1 典型案例零件工艺分析及尺寸计算

1. 零件工艺分析

如图 10-1 所示零件毛坯是已经经过粗加工的 100 mm×100 mm×35 mm 的半加工品,需要对上表面进行精加工,保证尺寸 32 mm;再加工 80 mm×80 mm 尺寸台阶,保证尺寸 10 mm,同时保证所加工平面的表面粗糙度。

在三坐标数控铣床上采用平口虎钳进行装夹,使用垫块垫起并校正后夹紧。因加工的平面有垂直度要求,故校正时要百分百找正侧面垂直。以零件中心和上表面建立 XOZ 工件坐标系。

平面铣削一般用面铣刀进行端铣,加工平面面积较小的情况下也可以使用立铣刀进行端铣,此处采用ϕ20 立铣刀进行加工,分为粗加工和精加工。

2. 尺寸计算

(1)平面粗加工刀路采用双向来回切削,如图 10-12(a)所示,行距 15 mm,计算各个关键点坐标:

加工起刀位(−45,−65),加工到(−45,45)、(−30,45)、(−30,−45)、(−15,−45)、(−15,45)、(0,45)、(0,−45)、(15,−45)、(15,45)、(30,45)、(30,−45)、(45,−45)、(45,65)。

(2)平面精加工采用单向加工刀路,如图 10-12(b)所示,行距 15 mm,计算各个关键点坐标:

加工起刀位(−45,−65),加工到(−45,65),G00 返回(−30,−65),加工到(−30,65),返回(−15,−65),加工到(−15,65),返回(0,−65),加工到(0,65),返回(15,−65),加工到(15,65),返回(30,−65),加工到(30,65),返回(45,−65),加工到(45,65)。

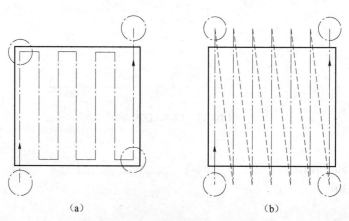

图 10-12 案例平面粗、精加工路线

（3）80 mm×80 mm 轮廓加工路线如图 10-13 所示，从轮廓延长线进刀顺铣，刀具左补偿，分粗、精加工进行。关键点坐标：

起始点（-65，-65），加工到（-40，-65），直线（-40，30），圆弧（-30，40），直线（30，40），圆弧（40，30），直线（40，-30），圆弧（30，-40），直线（-30，-40），圆弧（-40，-30）到（-40，-20），返回（-65，-20）。

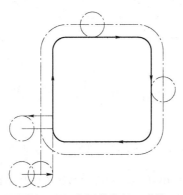

图 10-13 案例轮廓加工路线

10.3.2 工艺方案

（1）粗铣上表面。
（2）精铣上表面。
（3）粗加工 80 mm×80 mm 轮廓。
（4）精加工 80 mm×80 mm 轮廓。

10.3.3 选择刀具及切削用量

1. 刀具的选择

根据加工要求选用的刀具见表 10-2。

表 10-2 刀具选择

序号	刀具号	刀具类型	刀具半径/mm	数量	加工表面
1	01	φ20 立铣刀	R10	1	粗加工上表面、粗加工轮廓
2	02	φ20 立铣刀	R10	1	精加工上表面、精加工轮廓

2. 切削用量的选择

根据加工要求选用的切削用量见表 10-3。

表 10-3 切削用量

操作序号	工步内容	刀具号	切削用量		
			主轴转速/(r·min^{-1})	进给速度/(mm·min^{-1})	背吃刀量/mm
1	粗加工上表面	01	800	200	2.5

续表

操作序号	工步内容	刀具号	切削用量 主轴转速 /(r·min^{-1})	切削用量 进给速度 /(mm·min^{-1})	切削用量 背吃刀量 /mm
2	精加工上表面	02	1 000	180	0.5
3	粗加工轮廓	01	800	200	10
4	精加工轮廓	01	1 000	180	10

10.4 程序编制

如图 10-1 所示典型案例零件在三轴数控铣床上加工，数控加工程序编制见表 10-4。

表 10-4 典型案例零件数控加工程序

程 序	说 明
O0008	程序名
N2 G00 G17 G90 G40 G49;	程序初始化
N4 G00 G54 X0 Y0 Z100;	调 G54 坐标原点，刀具定位
N6 M03 S600 M07;	粗加工转速 600 r/min，主轴为 01 号粗铣刀
N8 G00 X-45 Y-65 Z5;	刀具定位到加工起点
N10 Z-2.5;	下刀到切削位置
N12 G01 Y45 F180;	粗铣上表面
N14 X-30;	
N16 Y-45;	
N18 X-15;	
N20 Y45;	
N22 X0;	
N24 Y-45;	
N26 X15;	
N28 Y45;	
N30 X30;	
N32 Y-45;	
N34 X45;	从右至左精加工各圆柱面和倒角
N36 Y65;	
N38 G00 Z100;	上表面粗加工完成，抬刀
N40 M00;	程序暂停，给定 01 号刀补正确值
N42 M98 P0002;	调用子程序，粗加工外轮廓第一刀
N44 M00;	程序暂停，更改 01 号刀补值
N46 M98 P0002;	调用子程序，粗加工外轮廓第二刀
N48 M00 M05;	程序暂停，主轴换 02 精铣刀
N50 M03 S800 M07;	精加工转速 800 r/min
N52 G00 X-45 Y-65 Z5;	刀具定位到平面精加工位置
N54 M98 P70001;	调用子程序 7 次，精加工上表面
N56 G00 Z100 G90;	
N56 M00;	程序暂停，给出 02 号铣刀刀补值
N56 M98 P0002;	调用子程序，精加工外轮廓
N58 M02 M30;	程序结束并返回
O0001	子程序名

续表

程　　序	说　　明
N10 G00 G91 Z-5.5;	精加工上表面
N20 G01 Y130 F150;	
N30 G00 Z5.5;	
N40 X15 Y-130;	
N50 M99;	子程序结束并返回
O0002	子程序名
N05 G00 X-65 Y-65 Z5;	加工外轮廓程序
N10 G00 Z-10;	
N15 G00 X-40 G41 D01;	
N20 G01 Y30;	
N25 G02 X-30 Y40 R10;	
N30 G01 X30;	
N35 G02 X40 Y30 R10;	
N40 G01 Y-30;	
N45 G02 X30 Y-40 R10;	
N50 G01 X-30;	
N55 G02 X-40 Y-30 R10;	
N60 G01 Y-20;	
N65 X-65;	
N70 G00 G40 Z100;	
N75 M99;	子程序结束并返回

10.5　实训内容

在 FANUC 0I Mate-MC 数控铣床上加工如图 10-14 所示零件,毛坯是 80 mm× 80 mm×35 mm 的已粗加工胚料,材料为 45 钢,要求编制数控加工程序并完成零件的加工。

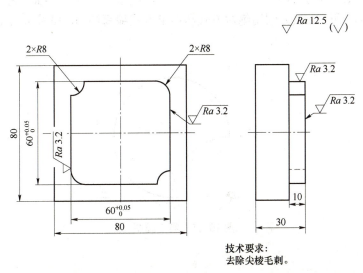

图 10-14　实训题图

10.6 自测题

1. 填空题（请将正确的答案填写在空格内）

（1）常用编程指令中绝对尺寸用_____指令，增量尺寸用_____指令。
（2）数控系统中指令 G40、G41、G42 的含义分别是_____、_____、_____。
（3）刀具半径补偿的过程分为三步：刀补_____、_____、_____。
（4）铣削平面零件可采用_____和_____铣刀；铣削曲面可采用_____铣刀。
（5）数控系统中，顺圆插补指令是_____，逆圆插补指令是_____。

2. 选择题（请将正确答案的序号填写在括号中）

（1）"G91 G00 X50.0 Z-20.0;"表示（　　）。
A. 刀具按进给速度移至机床坐标系 X=50，Z=-20 点
B. 刀具快速移至机床坐标系 X=50，Z=-20 点
C. 刀具快速向 X 正方向移动 50 mm，再 Z 负方向移动 20 mm
（2）沿刀具前进方向观察，刀具偏在工件轮廓的左边是（　　）指令。
A. G40　　　　B. G41　　　　C. G42
（3）圆弧插补指令"G03 X__Y__R__;"中，X、Y 后面的值表示圆弧的（　　）。
A. 起点坐标值　　B. 终点坐标值　　C. 圆心坐标相对于起点的值
（4）"G02 X20 Y20 R-10 F100;"所加工的一般是（　　）。
A. 整圆　　　　　　　　　　　B. 夹角≤180°的圆弧
C. 180°＜夹角＜360°的圆弧
（5）对于"G17 G02 X50.0 Y50.0 R50.0;"，下列叙述正确的为（　　）。
A. G02 为逆时针圆弧切削　　　　B. 配合平面选择，G02 为顺时针圆弧切削
C. 圆弧的圆心角大于 180°　　　　D. 配合平面选择，G02 为逆时针圆弧切削

3. 如图 10-15 所示，试分别用绝对方式和增量方式编写图 10-14 中圆弧 a 和圆弧 b 的加工程序。

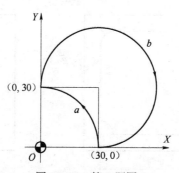

图 10-15　第 3 题图

项目 11　数控铣槽特征零件加工

典型案例：在 FANUC 0I Mate-MC 数控铣床上加工如图 11-1 所示零件窄槽，设毛坯是 120 mm×80 mm×30 mm 的已粗加工胚料，材料为 45 钢，要求编制数控加工程序并完成尺寸 60 mm×30 mm 槽的加工。

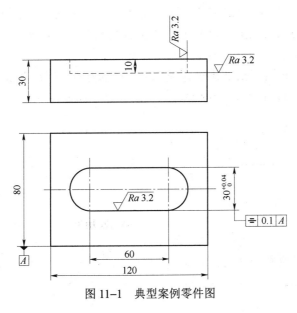

图 11-1　典型案例零件图

11.1　技 能 解 析

（1）掌握数控铣床中，插补平面选择指令 G17、G18、G19 的使用方法及数控铣床极坐标的编程方法。

（2）掌握在数控铣床上进行刀具长度补偿 G43、G44、G49 的编程方法，包括刀具长度正补偿、负补偿及刀具长度补偿的取消。

（3）掌握数控铣床上进行槽加工的工艺方法，包括下刀方法及刀具进刀路线设计等粗、精加工工艺和编程方法。

11.2 相关知识

11.2.1 插补平面选择指令（G17、G18、G19）

功能：该组指令用于选择进行圆弧插补和刀具半径补偿的平面。

格式：G17；G18；G19；

说明：G17：选择 XY 平面；G18：选择 XZ 平面；G19：选择 YZ 平面。如图 11-2 所示。G17、G18、G19 为模态功能，可相互注销，G17 为默认值。

对于三轴数控铣床来说，刀具插补平面一般都在 XY 平面上，系统默认选择 G17。如果是带有附件头的侧面加工功能的加工中心，若想直线或圆弧插补选择在其他平面上，就需要采用 G18 或者 G19 功能。

例：如图 11-3 所示，在 XZ 平面上沿轮廓插补圆弧路径，用 $\phi 12$ mm 键槽铣刀进行加工，切深 5 mm，编程见表 11-1。

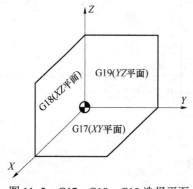

图 11-2　G17、G18、G19 选择平面

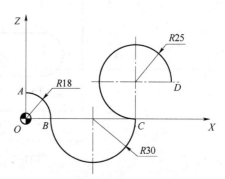

图 11-3　XZ 平面进行圆弧插补图

表 11-1　在 XZ 平面上进行圆弧插补的编程方法

程　　序	说　　明
O0106	程序名
N2 G00 G18 G90 G40 G49;	指定插补平面为 XZ 平面
N6 G00 X0 Z0 Y10 G54;	确定工件坐标原点和刀具初始位置
N8 M03 S800;	
N10 G00 Y5 Z18;	
N12 G01 Y−5 F500;	切深 5 mm
N14 G03 X18 Z0 R18;	插补圆弧 AB
N16 G02 X48 R30;	插补圆弧 BC
N16 G03 G91 X25 Z25 R−25;	插补圆弧 CD
N18 G00 G90 Y10;	抬刀
N20 X0 Y100 Z0;	
N30 M05;	
N32 M30;	程序结束并返回

11.2.2 极坐标编程指令

1. 发那科系统极坐标编程 G15、G16

功能：编程时除了用右手直角坐标系外，也可以用极坐标系。极坐标系使用平面为 G17～G19 平面，用所在平面的第一轴指令极坐标半径，第二轴指令角度。规定所选平面的第一轴正方向的逆时针旋转方向为角度的正方向，而顺时针旋转方向为角度的负方向。

格式：（G17）G16 X__ Y__ Z__ ；极坐标系指令有效

程序中，G16——设定极坐标；

        X——极轴长度；

        Y——极轴的角度；

        Z——无影响。

说明：

（1）半径和角度可以用绝对值指令 G90，也可以用增量值指令 G91。当半径用绝对值指令 G90 时，局部坐标系原点为极坐标系中心，如图 11-4 所示；当半径用增量值指令 G91 时，当前点为极坐标系中心，如图 11-5 所示。

（2）下列指令即使使用轴地址代码，也不视为极坐标指令：G04（暂停）、G92（工件坐标系设定）、G68（坐标系旋转）、G51（比例缩放）。

（3）选择极坐标指令时，指定圆弧插补或螺旋线切削（G02、G03）时用半径 R 指定。

例：利用极坐标指令编写如图 11-6 所示轮廓的加工程序，见表 11-2。

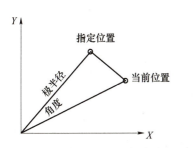 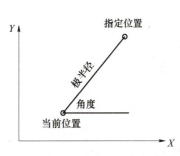 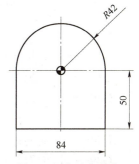

图 11-4　极半径为绝对、极角为相对　　图 11-5　极半径为相对、极角为绝对　　图 11-6　极坐标编程

表 11-2　极坐标编程方法

程　　序	说　　明
O0112	程序名
N2 G00 G17 G90 G40 G49;	选择 XY 平面为加工面
N6 G92 X0 Y0 Z10 M03 S600;	确定工件坐标原点
N8 G90 G00 X-50 Y-60;	
N10 G00 Z-3;	
N12 G01 G41 X-42 D01 F600;	
N14 Y0;	
N16 G16 ;	设定为极坐标编程
N1 8 G02 X42 Y0 R42;	圆弧轮廓
N20 G15;	取消极坐标编程
N22 G01 Y-50;	
N24 X-50;	
N26 G00 G40 Y-60;	
N28 Z10;	
N30 G00 X0 Y0;	
N32 M05 M30;	程序结束并返回

2. 华中系统极坐标编程

华中系统极坐标编程和发那科系统有所不同,采用先定义极平面和极点位置,再用 RP 与 AP 定义指定位置的极半径和极角。

1)极点和极平面定义

格式:G38　X__Y__Z__;

程序中,X,Y,Z——极点相对于当前工件坐标系位置。

2)极半径和极角定义

格式:G01　RP=__ AP=__;

　　　G02(G03)RP=__ AP=__ R__;

程序中,RP——终点的极半径,即终点相对于极点的距离;

　　　　AP——终点的极角,即与所在平面横坐标之间的夹角。

11.2.3　刀具长度补偿指令(G43、G44、G49)

功能:对于不同的刀具,刀位点到机床安装基准位置的尺寸不同,或者刀具在磨损后长度变化,或者更换新的刀具等,均会引起刀具长度变化。在这种情况下,使用刀具长度补偿指令,可使刀具的刀位点按照编程者的意图准确地运动到程序所指定的位置。

格式:

$$\begin{Bmatrix} G17 \\ G18 \\ G19 \end{Bmatrix} \begin{Bmatrix} G43 \\ G44 \\ G49 \end{Bmatrix} \begin{Bmatrix} G00 \\ G01 \end{Bmatrix} X\_\_Y\_\_Z\_\_H\_\_;$$

说明:

G17——刀具长度补偿轴为 Z 轴;

G18——刀具长度补偿轴为 Y 轴;

G19——刀具长度补偿轴为 X 轴;

G43——正向偏置(补偿轴终点加上偏置值);

G44——负向偏置(补偿轴终点减去偏置值);

G49——取消刀具长度补偿;

X,Y,Z——G00/G01 的参数,即刀补建立或取消的终点;

H——G43/G44 的参数,即刀具长度补偿偏置号(H00~H99),它代表了刀补表中对应的长度补偿值。

G43、G44、G49 都是模态代码,可相互注销。

例:考虑刀具长度补偿,编制如图 11-7 所示零件的加工程序,要求建立如图 11-7 所示的工件坐标系,按箭头所指示的路径进行加工,程序见表 11-3。

数控铣槽特征零件加工 项目 11

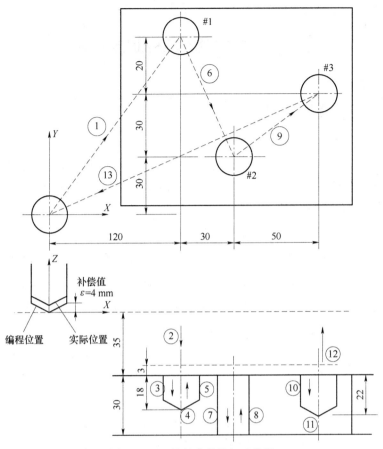

图 11-7 刀具长度补偿加工编程

表 11-3 长度补偿 G43、G44、G49 指令编程方法

程　序	说　明
O0106	程序名
N2 G00 G17 G90 G40 G49;	选择 XY 平面为刀具长度补偿面
N6 G00 X0 Y0 Z0 M03 S600;	确定工件坐标原点
N8 G91 G00 X120 Y80;	步骤①，#1 孔定位
N10 G43 Z-32 H01;	步骤②，建立长度正向补偿
N12 G01 Z-21 F300;	步骤③⑥，加工#1 孔
N14 G04 X2;	步骤④，孔底暂停 2 s
N16 G00 Z21;	步骤⑤，快速抬刀
N18 X30 Y-50;	步骤⑥，#2 孔定位
N20 G01 Z-41;	步骤⑦，加工#2 孔
N22 G00 Z41;	步骤⑧，抬刀
N24 X50 Y30;	步骤⑨，#3 孔定位
N26 G01 Z-25;	步骤⑩，加工#3 孔
N28 G04 X2;	步骤⑪，孔底暂停 2 s
N30 G00 G49 Z57;	步骤⑫，抬刀取消刀具长度补偿
N32 X-200 Y-60;	步骤⑬，返回初始点
N34 M05 M30;	程序结束并返回

— 159 —

11.3　工艺分析及数据计算

11.3.1　零件工艺分析及尺寸计算

1. 槽类零件加工工艺分析

槽是具有一定宽度、深度和截面形状的结构，工艺上多为槽底面与侧面成直角的形状。其可分为封闭式、敞开式和半封闭式，如图 11-8 所示。一般选用键槽铣刀进行加工，铣刀安装时，铣刀的伸出长度应尽可能小。

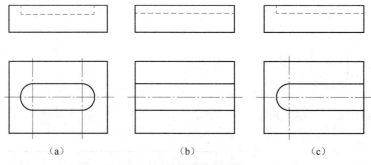

图 11-8　几种槽的结构形式

对于较高要求加工精度的槽，应分为粗加工和精加工，刀具直径尺寸要小于槽宽，为保证槽宽尺寸公差，可以用半径补偿铣削内轮廓的加工方法。

开放式和半开放式槽加工，刀具从工件外侧空位切入工件。

封闭式槽加工，刀具无法从侧面切入工件位置，必须从 Z 向切入材料。如果是浅槽，可以使用键槽铣刀沿 Z 轴切入材料；槽比较深时，需要先钻落刀孔，再使用平底立铣刀从落刀孔引入进行切削，并分层切削。

2. 案例加工工艺分析及关键点尺寸

图 11-1 所示零件是封闭式槽结构，槽宽度方向尺寸有公差要求，侧面和底面有表面粗糙度 $Ra3.2\ \mu m$ 的要求，分粗、精加工进行。

如图 11-9 所示，选取工件中心处上表面为工件原点，粗加工选用键槽铣刀，切深 5 mm，分两刀加工到 10 mm 深。刀具从右侧圆弧中心 S 处以较小进给率垂直下刀到所需深度，加刀具半径补偿法向切除到侧面宽度进行铣削，宽度方向留加工余量 0.5 mm 进行精加工。编程时以实际轮廓进行编程，精加工余量靠刀具半径补偿数值来保证。如图 11-9（a）所示，以逆铣方式进行，各个关键点坐标为 S（30，0）、A（30，-15）、B（-30，-15）、C（-30，15）、D（30，15）。

精加工选用高速钢立铣刀，以圆弧相切的方式趋向宽度方向进行加工，避免在工件轮廓内留下接刀痕迹。选用如图 11-9（b）所示刀具路线，以顺铣方式进行加工。各个关键点坐标为 S（30，0）、A（43，0）、B（30，15）、C（-30，15）、D（-30，-15）、E（30，-15）、F（17，0），切入、切出圆弧半径为 $R15$ mm。

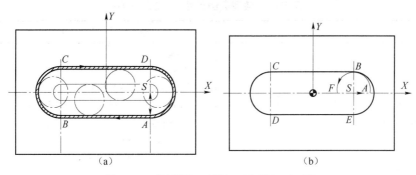

图 11-9 案例槽加工粗加工和精加工刀路

11.3.3 选择刀具及切削用量

1. 刀具的选择

根据加工要求选用的刀具见表 11-4。

表 11-4 刀具选择

序号	刀具号	刀具类型	刀具半径/mm	数量	加工表面
1	01	φ20 键槽铣刀	R10	1	粗加工槽
2	02	φ20 立铣刀	R10	1	精加工槽

2. 切削用量的选择

根据加工要求选用的切削用量见表 11-5。

表 11-5 切削用量

操作序号	工步内容	刀具号	切削用量		
			主轴转速/(r·min^{-1})	进给速度/(mm·min^{-1})	背吃刀量/mm
1	垂直进刀	01	600	50	
2	粗加工槽	01	600	180	5
3	精加工槽	02	800	150	0.5

11.4 程序编制

图 11-1 所示典型案例零件在三轴数控铣床上加工，数控加工程序编制见表 11-6。

表 11-6 典型案例零件数控加工程序

程　　序	说　　明
O0008	程序名
N2 G00 G17 G90 G40 G49 G21;	程序初始化
N4 G00 G54 X30 Y0 Z100;	调 G54 坐标原点，刀具定位
N6 M03 S600 M07;	粗加工转速 600 r/min，主轴为 01 号键槽粗铣刀
N8 G00 Z5 G43 H01;	刀具快速进刀，加刀具长度补偿
N10 G01 Z−5 F50;	切削下刀深 5 mm
N12 M980001	调用子程序进行第一层切削
N14 G01 Z−9.8 F50;	切削下刀深 9.8 mm
N16 M980001	调用子程序进行第一层切削
N16 G00 Z100 G49;	抬刀取消刀具补偿
N18 M00;	程序暂停，换 02 号刀精加工
N20 G00 Z5 G43 H02;	快进刀加刀具长度补偿
N22 G01 Z−10 F50;	进刀到 10 mm 深
N24 G01 X43 G41 D02 F150;	走 SA 直线加刀具半径补偿
N26 G03 X30 Y0 R13;	圆弧 AB 切入轮廓
N28 G01 X−30;	直线 BC
N30 G03 Y−15 ; R15	圆弧 CD
N32 G01 X30;	直线 DE
N34 G03 Y15 R15	圆弧 EB
N36 G03 X17 Y0 R13;	圆弧 BF 切出
N38 G01 X30 G40;	返回 S 点取消刀具半径补偿
N40 G00 Z100 G49;	抬刀取消刀具长度补偿
N42 M05;	主轴停
N44 M30;	程序结束
O0001	子程序名
N10 G01 Y−15 G42 D01 F150;	法向切入轮廓，加刀具半径补偿
N12 X−30;	加工轮廓 AB
N14 G02 Y15 R15;	加工轮廓 BC
N16 G01 X30;	加工轮廓 CD
N18 G02 Y−15 R15;	加工轮廓 DA
N20 G01 Y0 G40;	返回 S 点去除刀补偿
N22 M99;	子程序结束并返回

11.5　实　训　内　容

在 FANUC 0I Mate-MC 数控铣床床上加工如图 11-10 所示零件，毛坯是 80 mm× 80 mm×25 mm 的已粗加工胚料，材料为硬铝，要求编制数控加工程序，完成图 11-10 所示 4 处槽加工。

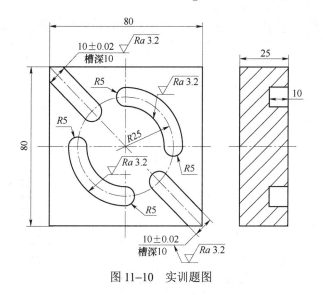

图 11-10 实训题图

11.6 自 测 题

1. 填空题（请将正确的答案填写在空格内）

（1）在铣削零件的内外轮廓表面时，为防止在刀具切入、切出时产生刀痕，应沿轮廓_____方向切入、切出，而不应_____方向切入、切出。

（2）数控系统中 G02、G03、G04 指令的功能分别是_____、_____、_____。

（3）刀具半径补偿的过程分为三步：刀补_____、_____、_____。在轮廓控制中，为了保证一定的精度和编程方便，通常需要有刀具_____和_____补偿功能。

（4）对于不同的加工方法，需要不同的_____，并应编入程序单内。

（5）程序结束指令可以用_____和_____，它们的区别是_____。

2. 选择题（请将正确答案的序号填写在括号中）

（1）在现代数控系统中系统都有子程序功能，并且子程序（　　）嵌套。
A. 只能有一层　　　　B. 可以有限层　　　　C. 可以无限层　　　　D. 不能

（2）G00 指令移动速度值是（　　）指定。
A. 机床参数　　　　B. 数控程序　　　　C. 操作面板　　　　D. 随意设定

（3）长度正补偿是（　　）指令。
A. G43　　　　B. G44　　　　C. G49　　　　D. G42

（4）数控铣床的默认加工平面是（　　）。
A. XY 平面　　　　B. XZ 平面　　　　C. YZ 平面　　　　D. 任意平面

（5）"G04 P1000;" 代表停留几秒（　　）。
A. 1 000　　　　B. 100　　　　C. 10　　　　D. 1

（6）选择 ZX 平面指令是（　　）。
A. G17　　　　B. G18　　　　C. G19　　　　D. G20

3. 如图 11-11 所示选用适当工艺方法,加工两处开口槽和封闭槽,保证工件尺寸精度和轮廓表面粗糙度。

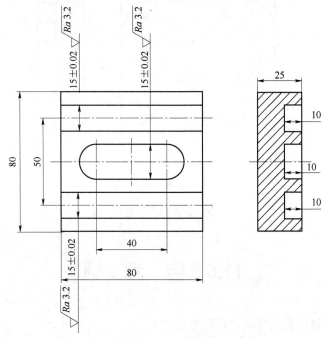

图 11-11 第 3 题图

项目 12　数控铣孔系加工

典型案例：在 FANUC 0I Mate-MC 加工中心上，加工如图 12-1 所示 4-ϕ6 mm 孔、4-ϕ10 mm 沉孔以及中间 ϕ20 mm 孔，设工件是经过粗加工的半成品，材料为硬铝。

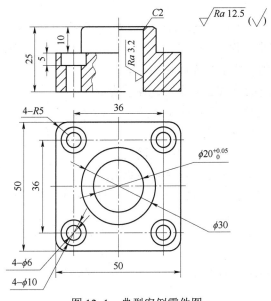

图 12-1　典型案例零件图

12.1　技　能　解　析

（1）了解常用孔类型以及加工工艺方法，并能根据实际选用合理的孔加工方法。
（2）掌握孔加工固定循环指令编程使用方法，掌握浅孔、深孔、螺纹孔加工及编程方法。
（3）能够正确设置孔加工时刀具转速和进给速度等工艺参数的设置。

12.2　相　关　知　识

12.2.1　孔加工循环的动作

常用孔加工工艺方法有钻孔、扩孔、锪孔、铰孔和镗孔等，这些加工方法共同的动作特点都是孔位平面定位、快速引进、工作进给和快速退回等，用到 G00、G01 等编程指令。将这样一系列典型的加工动作预先编好程序，存储在内存中，可用包含 G 代码的一个程序段调用，从而简化编程工作。这种包含了典型动作循环的 G 代码称为循环指令。

1. 固定循环中的三个平面及三个点

（1）初始平面，初始点所在的与 Z 轴垂直的平面，其是为安全下刀而规定的一个平面。该平面到零件表面的距离可以任意设定在一个安全的高度上。

（2）R 点平面，又称 R 参考平面，是刀具由快进转为工进的高度平面，距工件表面的距离主要考虑工件表面尺寸的变化（一般取 2～5 mm）。

（3）孔底平面，对于盲孔主要指孔底的 Z 轴高度。对于通孔，刀具一般要伸出工件底平面一段距离。

（4）相对于三个平面的是三个点，即初始点 B、参照点 R 以及孔底点 Z，如图 12-2 所示。

2. 孔加工循环的固定动作

（1）刀具快速进给到孔位坐标点即初始点 B。

（2）刀具 Z 向快速进给到加工表面附近参照点 R。

（3）刀具 Z 向 G01 速度进行向下切削动作。

（4）孔底动作（暂停、主轴反转等）。

（5）快速返回动作（G98 指令，刀具返回初始点 B）。

（6）快速返回动作（G99 指令，返回参照点 R）。

如图 12-3 所示，动作（1）→（2）→（3）→（4）→（5）→（6）。

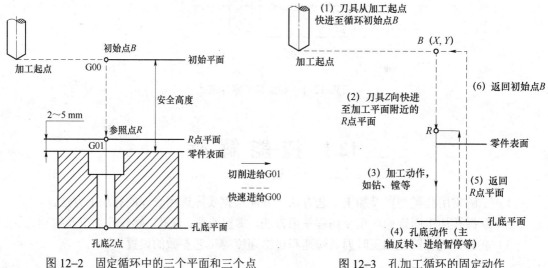

图 12-2 固定循环中的三个平面和三个点

图 12-3 孔加工循环的固定动作

12.2.2　孔加工循环指令通式

指令通式：

$$\begin{Bmatrix} G98 \\ G99 \end{Bmatrix} \begin{Bmatrix} G90 \\ G91 \end{Bmatrix} \begin{Bmatrix} G73 \\ \cdots \\ G89 \end{Bmatrix} X\_ Y\_ Z\_ R\_ Q\_ P\_ F\_ K\_ ;$$

程序中：

X，Y——绝对编程时是孔中心在 XY 平面内的坐标位置；增量编程时是孔中心在 XY 平面内相对于起点的增量值；

Z——绝对编程时是孔底 Z 点的坐标值；增量编程时是孔底 Z 点相对于参照 R 点的增量值；

R——绝对编程时是参照 R 点的坐标值；增量编程时是参照 R 点相对于初始 B 点的增量值；

Q——当刀具间歇式进给时，为每次切削进给的深度；

P——指定刀具加工至终点位置时暂停时间，单位为 ms；

F——钻孔切削进给速度；

K——指定孔加工的循环次数（一般用于多孔加工，故 X 或 Y 应为增量值）。

说明：

（1）G98：刀具切削完返回到初始点 B；G99：刀具切削完返回到参照点 R。如图 12-4 所示。

（2）固定循环的数据表达形式可以用绝对坐标（G90）和相对坐标（G91）表示，如图 12-5 所示。

其中图 12-5（a）是采用 G90 表示：X、Y 为孔位点在 X、Y 平面内的绝对坐标值；Z 值为孔底的绝对坐标值；R 值表示参照点的坐标值。

图 12-5（b）是采用 G91 表示：X、Y 为孔位点在 X、Y 平面相对加工起点的坐标值；Z 值为孔底相对 R 点的坐标值；R 值为参照点相对于初始点 B 点的坐标值。

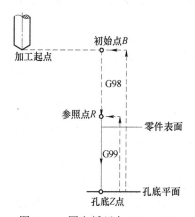

图 12-4 固定循环中 G98、G99

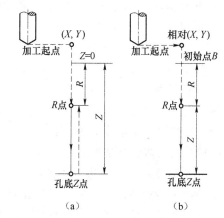

图 12-5 固定循环中 G90、G91 表示 X、Y、Z、R 值

12.2.3 孔加工循环指令

FANUC 0I 系统固定循环功能可用于孔加工，包括钻（深）孔、镗孔、锪孔、铰孔、攻螺纹等，可调用的 G 指令有：G73、G74、G76、G81～G89 等，G80 用于取消固定循环状态。各种不同类型的孔加工动作见表 12-1。

表 12–1 固定循环 G 指令动作一览表

G 指令	用途	切削动作（–Z 方向）	孔底动作	退刀动作（+Z 方向）
G73	高速深孔加工	间歇进给		快速进给
G74	攻螺纹（左旋）	切削进给	暂停、主轴正转	切削进给
G76	精镗	切削进给	主轴准停	快速进给
G80	取消固定循环			
G81	钻孔	切削进给		快速进给
G82	钻、镗阶梯孔	切削进给	暂停	快速进给
G83	深孔加工	间歇进给		快速进给
G84	攻螺纹（右旋）	切削进给	暂停、主轴反转	切削进给
G85	铰孔	切削进给		切削进给
G86	镗孔	切削进给	主轴停	快速进给
G87	反镗孔	切削进给	主轴正转	快速进给
G88	镗孔	切削进给	暂停、主轴停	手动
G89	铰孔	切削进给	暂停	切削进给

1. G81——钻孔循环指令

功能：用于钻削较浅的孔，一次钻削到孔底，在孔底没有动作，然后刀具快速移动退回。

格式：G81 X__Y__Z__R__F__；

程序中，X，Y——绝对编程时是孔中心在 XY 平面内的坐标位置；增量编程时是孔中心在 XY 平面内相对于起点的增量值。

Z——绝对编程时是孔底 Z 点的坐标值；增量编程时是孔底 Z 点相对于参照 R 点的增量值。

R——绝对编程时是参照 R 点的坐标值；增量编程时是参照 R 点相对于初始 B 点的增量值。

F——钻孔进给速度。

工作步骤（见图 12–6）：

（1）刀位点快移到孔中心上方 B 点；

（2）快移接近工件表面到 R 点；

（3）向下以 F 速度钻孔，到达孔底 Z 点；

（4）主轴维持旋转状态，向上快速退到 R 点（G99）或 B 点（G98）。

注意：如果 Z 的移动位置为零，则该指令不执行。

2. G82——带停顿的钻孔循环指令

功能：此指令主要用于锪孔及加工沉孔、盲孔，以提高孔深精度。该指令除了要在孔底暂停外，其他动作与 G81 相同。

格式：G82 X__Y__Z__R__P__F__；

程序中，P——孔底暂停时间。

其余参数含义和 G81 相同。

例，加工如图 12–7 所示 2–ϕ6 mm 孔以及两个锥孔，建立如图 12–7 所示工件坐标系，工件上表面为 Z_0，加工工艺设计如下：

（1）使用 $\phi 6$ 麻花钻钻削通孔，使用 G81 指令，刀具 T01。
（2）使用 $\phi 20$ 锪孔刀或钻头加工锥度孔，使用 G82 指令，刀具 T02。

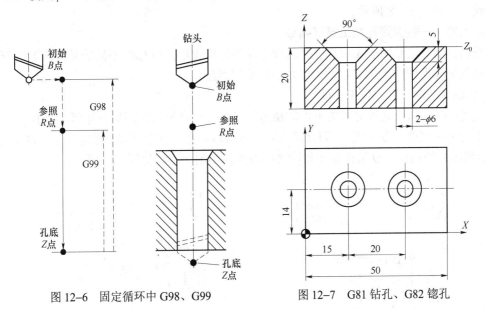

图 12-6　固定循环中 G98、G99　　　图 12-7　G81 钻孔、G82 锪孔

编程见表 12-2。

表 12-2　G81 钻孔、G82 锪孔编程

程　序	说　明
O0101	
N10 G00 G54 G17 G90 G40 G49 Z100;	
N20 M06 T01;	换 01 号刀 $\phi 6$ 麻花钻
N30 M03 S550;	
N40 G00 X0 Y0 Z10 G43 H01 M07;	到加工初始位置，加刀补
N50 G99 G81 X15 Y14 Z-25 R5 F50;	G81 钻孔，返回 R 点
N60 X35;	G81 钻第二个孔
N70 G80 G49 G00 Z100 M09 M05;	返回，取消刀补，取消循环
N80 M06 T02;	换 02 号刀
N90 M03 S500 M07;	
N100 G00 Z10 G43 H02;	到加工初始位置，加刀补
N110 G99 G82 X35 Y14 Z-10 R5 P2000 F80;	G82 锪孔，孔底暂停 2 s
N120 X15;	锪第二个孔
N130 G80 G49 G00 Z100 M09 M05;	返回，取消刀补，取消循环
N140 M30;	程序结束

3. G83——深孔加工循环指令

功能：此指令主要用于加工深孔时需要 Z 轴的间歇进给，每向下钻一次孔后，快速退回到参照 R 点，退刀量较大，便于排屑和加冷却液。

格式：G83 X__ Y__ Z__ R__ Q__ F__;

说明：G83 指令通过 Z 轴方向的间歇进给实现断屑与排屑，Q 值为每次向下的钻孔深度（取正值）。刀具每次间歇进给后快速退回到 R 点，再 Z 向快速进给到上次切削位置上方距离

为 d 的高度处，从该点快速进给变为工进，工进距离为 $Q+d$，d 值由机床系统指定。Q 值指定了每次进给的实际切削深度，Q 值越小，所需间歇进给次数越多；Q 值越大，所需进给次数就越少。如图 12-8 所示。

4. G73——快速深孔加工循环指令

功能：指令主要用于加工深孔时需要 Z 轴的间歇进给，与 G83 不同的是每向下钻一次孔后，钻头快速退回的距离 d 很小，以便实现快速切削。

格式：G73 X__ Y__ Z__ R__ Q__ F__；

说明：G73 指令通过 Z 轴方向的间歇进给可以较容易地实现断屑与排屑，其中 Q 值为每次向下的钻孔深度（取正值）。刀具每次间歇进给后快速退回距离 d，再向下工进 $Q+d$ 距离，d 值由机床系统指定。Q 值指定了每次进给的实际切削深度。如图 12-9 所示。

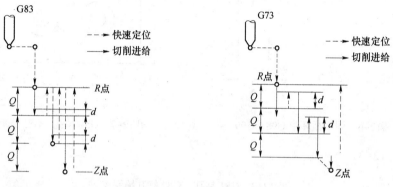

图 12-8　G83 深孔加工循环　　图 12-9　G73 快速深孔加工循环

例：如图 12-10 所示钻削 2-ϕ10 mm 孔以及 2-ϕ16 mm 孔，2-ϕ10 mm 孔较深，为便于观察刀具情况采用 G83 钻削方式，2-ϕ16 mm 孔采用 G73 快速钻孔方式，建立如图 12-10 所示工件坐标系，上表面为 Z_0 面，编程见表 12-3。

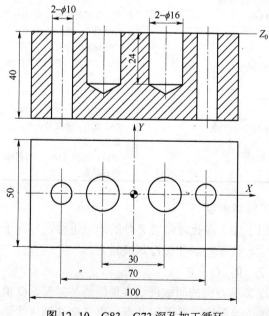

图 12-10　G83、G73 深孔加工循环

表 12-3　G83 钻孔、G73 深孔加工编程

程　序	说　明
O0101	
N10 G00 G54 G17 G90 G40 G49 Z100;	
N20 M06 T01;	换 01 号刀 ϕ10 麻花钻
N30 M03 S550;	
N40 G00 X–35 Y0 Z10 G43 H01 M07;	到加工初始位置，加刀补
N50 G99 G83 Z–45 R5 Q6 F100;	G83 钻孔，返回 R 点
N60 X35;	钻第二个孔
N70 G80 G49 G00 Z100 M09 M05;	返回，取消刀补，取消循环
N80 M06 T02;	换 02 号刀 ϕ16 钻头
N90 M03 S450 M07;	
N100 G00 Z10 G43 H02;	到加工初始位置，加刀补
N110 G99 G73 X15 Y0 Z–24 R5 Q5 F80;	G73 快速钻孔
N120 X–15;	钻第二个孔
N130 G80 G49 G00 Z100 M09 M05;	返回，取消刀补，取消循环
N140 M30;	程序结束

5. G85、G89——铰孔、镗孔循环指令

功能：此指令主要用于镗孔或者铰孔，特点在于刀具切入和退出时都保持切削进给状态，G85 指令刀具在孔底没有暂停动作，G89 可以有暂停时间。

格式：G85 X__ Y__ Z__ R__ F__;
　　　G89 X__ Y__ Z__ R__ P__ F__;

说明：G85、G89 指令在切削至需要深度后，主轴维持原有转速，以切削方式返回，用于镗孔、铰孔时能够保证孔表面的表面粗糙度要求，也可用于扩孔。G89 指令在孔底有暂停，常用于阶梯孔的加工。图 12-11 所示为 G99 状态下 G85 和 G89 循环指令的路线图。

6. G86——镗孔循环指令

功能：此指令主要用于镗孔加工，刀具以切削进给方式加工到孔底，然后主轴停转，刀具快速退回到 R 点平面或者初始平面后，主轴恢复旋转。

格式：G86 X__ Y__ Z__ R__ P__ F__;

说明：G86 指令在切削至需要深度后，主轴停转并快速退回，刀具回退时由于不旋转，容易在工件表面划出划痕，所以该指令常用于精度或表面粗糙度要求不高的镗孔加工。图 12-12 所示为 G98、G99 状态下 G86 循环指令的路线图。

7. G76——精密镗孔循环指令

功能：此指令主要用于精密镗孔，刀具以切削进给方式加工到孔底，然后主轴准停，刀具向刀尖相反方向移动，然后回退。

格式：G76 X__ Y__ Z__ R__ Q__ P__ F__;

说明：

（1）程序中，Q 后面数值为刀具向刀尖反方向移动量，正值非小数，单位 mm。

（2）程序中，P 后面数值为孔底暂停时间，单位 ms。

（3）G76 指令与 G86 指令的不同之处在于，刀具在孔底实现定向准停，刀具向刀尖相反方向移动 Q 距离，使刀尖脱离工件表面，然后回退，这样避免了回退时在工件表面留下划痕，所以该指令常用于精密镗孔加工。

图 12-13 所示为 G98、G99 状态下 G76 循环指令的路线图。

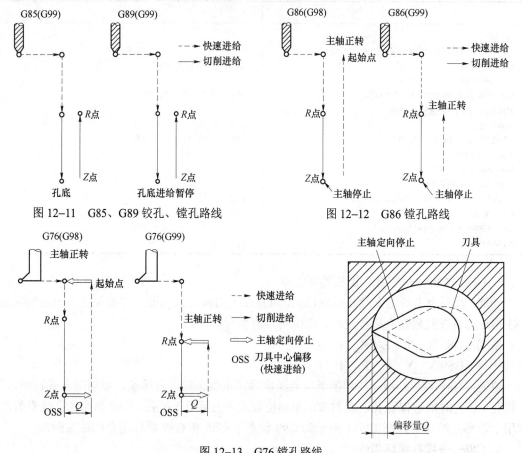

图 12-11　G85、G89 铰孔、镗孔路线　　图 12-12　G86 镗孔路线

图 12-13　G76 镗孔路线

8. G74、G84——攻丝循环指令

功能：G74、G84 指令主要用于攻丝，即在 CNC 机床上用丝锥在工件孔中切削内螺纹，即攻螺纹（简称攻丝）。G74 用于左螺纹攻丝，G84 用于右螺纹攻丝。

格式：$\left.\begin{array}{l}G74\\G84\end{array}\right\}$ X__Y__Z__R__F__；

说明：

（1）程序中，F 后面的数值为丝锥攻螺纹时的进给速度，依据系统不同的进给模式来指定。当采用 G94 模式时，进给速度 F（mm/min）=螺纹导程（mm）×主轴转速（r/min）；当采用 G95 模式时，进给速度 F（mm/r）=螺纹导程（mm）。

（2）G74 指令用于加工左旋螺纹，执行该循环时，主轴反转，在主轴加工平面内快速定位到 R 点，执行攻螺纹到达孔底，主轴正转退回到 R 点，主轴恢复反转，完成攻螺纹动作。

（3）G84 指令动作与 G74 类似，用于加工右旋螺纹，执行该循环时，主轴先正转，在主轴加工平面内快速定位到 R 点，执行攻螺纹到达孔底，主轴反转退回到 R 点，主轴恢复正转，完成攻螺纹动作。

（4）CNC 机床在执行 G74、G84 攻螺纹功能时，机床的进给倍率和进给保持按键功能不起作用。

图 12-14 所示为 G99 状态下 G74、G84 循环指令的路线图。

9. 固定循环的重复

固定循环中使用 K（有的数控系统使用 L）可以表示固定循环重复的次数。一般以 G91 方式进行，在一个切削循环指令中以增量方式指定第一个孔位置后，可以使用 K 对等间距的相同孔进行重复钻削。

例：使用 G81 重复钻削图 12-15 所示的 3 个孔，相应的 X 方向和 Y 方向孔间距相等，编程见表 12-4。

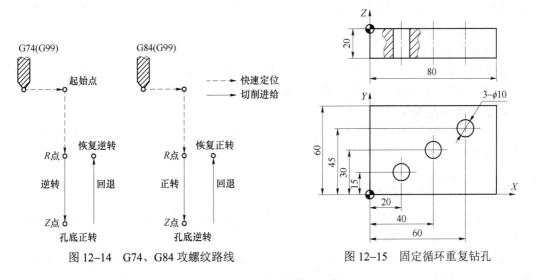

图 12-14　G74、G84 攻螺纹路线　　　　图 12-15　固定循环重复钻孔

表 12-4　固定循环重复加工编程

程　序	说　明
O0101	程序名
N10 G00 G17 G90 G40 G49 ;	程序开始
N20 M06 T01;	换刀
N30 G92 X0 Y0 Z0;	G92 对刀，确定工件原点
N40 G00 Z10 G43 H01;	加刀补
N50 M03 S550 M07;	
N60 G99 G91 G81 X20 Y15 Z-30 R-5 K3 F100;	G81 固定循环连续钻三个孔
N70 G00 G49 Z100 M09 M05;	抬刀取消刀补
N80 M30;	程序结束

10. G80——取消固定循环指令

格式：G80;

注意：当用 G80 取消孔加工固定循环后，固定循环指令中的孔加工数据也被取消，在固定循环之前的插补模态恢复。

12.3 工艺分析及切削用量选择

12.3.1 切削用量选择

1. 切削刀具选择

直径小于 30 mm 的孔一次钻出；直径为 30～80 mm 的孔可分为两次钻削，先用 0.5～0.7 倍 D（D 为钻孔直径）的钻头钻底孔，然后再用直径为 D 的钻头进行扩孔，这样可以减小切削深度和工艺系统轴向受力，有利于提高钻孔加工质量。

2. 进给量的选择

孔的精度要求较高和表面粗糙度值较小时，应选择较小的进给量；钻孔较深、钻头较长、刚度和强度较差时，也应选取较小的进给量。

3. 钻削速度的选择

当钻头直径和进给量确定后，钻削速度应按钻头的寿命选取合适的数值，孔深较大、钻削条件较差时，应选取较小的切削速度。

12.3.2 典型案例零件工艺分析

（1）4-ϕ6 mm 孔深 15 mm，没有位置度要求，不需要预钻引正孔，采取 G81 正常钻孔，一次切削到底的方式加工，使用 ϕ6 麻花钻。

（2）4-ϕ10 mm 沉孔使用带孔底暂停功能的 G82 循环指令，使用 ϕ10 平底锪刀或者平底铣刀进行锪孔加工。

（3）ϕ20 mm 精度要求比较高，使用中心钻预钻引正孔，使用 ϕ18.5 麻花钻进行钻削加工，再使用 ϕ20 镗刀镗孔可保证加工精度和表面粗糙度。

12.3.3 选择刀具及切削用量

各个工步刀具及切削用量的选择见表 12-5。

表 12-5 工步刀具选择及切削用量

序号	工步内容	刀具号	刀具类型	刀补号	切削用量	
					主轴转速/（r·min^{-1}）	进给速度/（mm·min^{-1}）
1	钻削 4-ϕ6 mm 孔	T01	ϕ6 麻花钻	H01	600	100
2	加工 4-ϕ10 mm 沉孔	T02	ϕ10 锪孔刀	H02	800	100
3	钻中心引正孔	T03	中心钻	H03	1 000	120
4	ϕ20 mm 孔镗前预钻	T04	ϕ18.5 麻花钻	H04	600	100
5	镗孔 ϕ20 mm	T05	ϕ20 镗刀	H05	800	80

12.4 典型案例程序编制

工件在 FANUC 0I Mate-MC 数控加工中心上完成加工,选取工件上表面中心建立坐标系,编制程序见表 12-6。

表 12-6 典型案例零件数控加工程序

程 序	说 明
O0101 N10 G00 G54 G17 G90 G40 G49 Z100; N20 M06 T01; N30 M03 S550 M07; N40 G00 X0 Y0 Z5 G43 H01; N50 G98 G81 X18 Y18 Z-30 R-5 F150; N60 Y-18; N70 X-18; N80 Y18; N90 G80 G49 G00 Z100 M09 M05; N100 M06 T02; N110 M03 S600 M07; N120 G00 Z5 G43 H02; N130 G98 G82 X18 Y18 Z-15 R-5 P2000 F100; N140 Y-18; N150 X-18; N160 Y18; N170 G80 G49 G00 Z100 M09 M05; N180 M06 T03; N190 M03 S1000 M07; N200 G00 Z5 G43 H03; N210 G01 Z-5 F80; N220 G49 G00 Z100 M09 M05; N230 M06 T04; N240 M03 S300 M07; N250 G00 Z5 G43 H04; N260 G98 G81 Z-30 R5 F80; N270 G80 G49 G00 Z100 M09 M05; N280 M06 T05; N290 M03 S800 M07; N300 G00 Z5 G43 H05; N310 G98 G86 Z-30 R5 F60; N320 G80 G49 G00 Z100 M09 M05; N330 M30;	换 01 号刀 ϕ6 麻花钻 到加工初始位置,加刀补 G81 钻孔,返回初始点 G81 钻孔 G81 钻孔 G81 钻孔 返回,取消刀补,取消循环 换 2 号锪孔刀 到加工初始位置,加刀补 G82 锪孔,孔底暂停 2 s G82 锪孔 G82 锪孔 G82 锪孔 返回,取消刀补,取消循环 换 3 号中心钻 钻引正孔 返回,取消刀补,取消循环 换 4 号 ϕ18.5 麻花钻 到加工初始位置,加刀补 G81 预钻孔 返回,取消刀补,取消循环 换 5 号 ϕ20 镗刀 到加工初始位置,加刀补 镗孔 返回,取消刀补,取消循环 程序结束

12.5 实训内容

在 FANUC 0I Mate-MC 数控加工中心上完成如图 12-16 所示零件加工,设毛坯是半成品工件，已完成外轮廓台阶及椭圆轮廓的加工，材料为 45 钢，要求完成 4×φ12 mm 孔的加工，孔口倒角 C1.5，加工中间 φ16 mm 通孔以及 φ24 mm 的沉头孔。

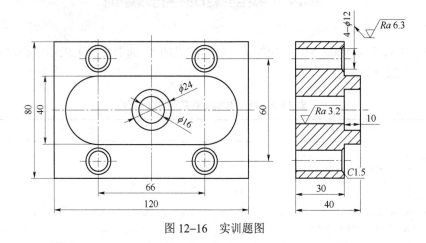

图 12-16 实训题图

12.6 自 测 题

1. 选择题（请将正确答案的序号填写在括号中）

（1）加工精度为 IT9 级的孔，当孔径小于 30 mm 时可以采用（　　）方案。
A. 钻—铰　　　　　B. 钻—扩—铰　　　C. 钻—镗　　　　　D. 钻—扩

（2）欲加工 φ6H7、深 30 mm 的孔，合理地选刀顺序应该是（　　）。
A. φ2.0 麻花钻、φ5.0 麻花钻、φ6.0 微调精镗刀
B. φ2.0 中心钻、φ5.0 麻花钻、φ6H7 精铰刀
C. φ2.0 中心钻、φ5.8 麻花钻、φ6H7 精铰刀
D. φ1.0 麻花钻、φ5.0 麻花钻、φ6.0H7 麻花钻

（3）用 FANUC 数控系统编程，对一个厚度为 10 mm，Z 轴零点在下表面的零件钻孔，其中的一段程序表述如下：
G90 G83 X10 Y20 Z4 R13 Q3 F100；
则它的含义是（　　）。

A. 啄钻，钻孔位置在（10，20）点上，钻头尖钻到 Z=4 的高度上，安全间隙面在 Z=13 的高度上，每次啄钻深度为 3 mm，进给速度为 100 mm/min

B. 啄钻，钻孔位置在（10，20）点上，钻削深度为 4 mm，安全间隙面在 Z=13 的高度上，每次啄钻深度为 3 mm，进给速度为 100 mm/min

C. 啄钻，钻孔位置在（10，20）点上，钻削深度为 4 mm，刀具半径为 13 mm，每次啄钻深度为 3 mm，进给速度为 100 mm/min

D. 啄钻，钻孔位置在（10，20）点上，钻头尖钻到 Z=4.0 的高度上，工件表面在 Z=13 的高度上，刀具半径为 3 mm，进给速度为 100 mm/min

（4）在编制攻丝程序时应使用的固定循环指令代码是（　　）。

A. G81　　　　　　B. G83　　　　　　C. G84　　　　　　D. G85

（5）下面哪一个指令不是固定循环指令（　　）。

A. G81　　　　　　B. G84　　　　　　C. G71　　　　　　D. G83

（6）取消固定循环的指令是（　　）。

A. G40　　　　　　B. G80　　　　　　C. G50　　　　　　D. G49

2. 判断题（请将判断结果填入括号中，正确的填"√"，错误的填"×"）

（1）采用数控机床加工的零件应该是大批量生产。　　　　　　　　　　（　　）

（2）固定循环是预先给定一系列操作，用来控制机床的位移或主轴运转。（　　）

（3）数控切削加工程序时一般应选用轴向进刀。　　　　　　　　　　　（　　）

（4）在固定循环指令格式"G90　G98　G73　X__Y__R__Z__Q__F__:"中，"R"表示每次进刀深度。　　　　　　　　　　　　　　　　　　　　　　　　　　（　　）

（5）用于快速深孔加工的固定循环的指令代码是G83。　　　　　　　　（　　）

3. 简答题

（1）怎样合理选择孔加工时的切削用量？

（2）在数控加工中，一般固定循环由哪6个顺序动作构成？

项目 13 数控铣型腔零件加工

典型案例：在 FANUC 0I Mate-MC 数控铣床上加工如图 13-1 所示零件型腔，设毛坯是 100 mm×100 mm×30 mm 的已粗加工胚料，材料为 45 钢，要求编制数控加工程序并完成型腔的轮廓加工，保证尺寸精度和零件表面粗糙度。

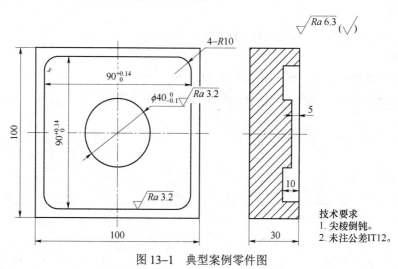

图 13-1 典型案例零件图

13.1 技 能 解 析

（1）掌握数控铣床子程序编程、调用和运用的方法与技巧。
（2）掌握数控铣床镜像、旋转、缩放等简化编程指令的运用方法。
（3）掌握数控铣床型腔零件的结构特点、型腔铣削方法、刀具选择和切削参数选用等。

13.2 相 关 知 识

13.2.1 子程序使用指令（M98、M99）

子程序使用方法在项目 8 数控车槽加工中已经介绍，数控铣床和数控车床使用方法基本相同。

1. 数控铣床子程序结束并返回指令 M99

功能：子程序和主程序的区别在于子程序的结束标记不同，主程序使用 M02、M30 表示结束，而子程序使用 M99 表示结束，并实现返回主程序功能。

子程序格式：O××××

...

...

M99；(或者用"M99　Pn；")

说明：使用 M99 表示子程序结束并返回到调用子程序的主程序行继续往下执行。"M99 Pn；"表示子程序返回到主程序中相应 n 行，如"M99　P100；"表示返回到主程序的 100 行开始执行。

2. 子程序调用指令 M98

功能：M98 指令用于将程序执行顺序指引到所要使用的子程序，即子程序调用。

格式：M98 P××××L××××；

说明：P 后面的 4 位数字表示子程序号，地址 L 后面的数字表示重复调用的次数，子程序号前面的 O 可省略不写。如果只调用一次，则 L 可以省略不写。

例：在数控铣床上切削如图 13-2 所示轮廓零件，切削深度为 40 mm，用 ϕ20 键槽铣刀进行加工，每次切深为 10 mm。

编写程序见表 13-1。

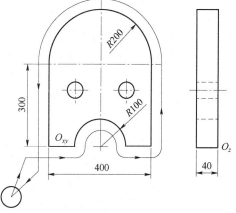

图 13-2　使用子程序进行轮廓加工

表 13-1　图 13-2 加工程序

程　序	说　明
O0106	程序名
N2 G00 G17 G90 G40 G49;	程序初始化
N6 G00 X0 Y0 Z100 G54;	确定工件坐标原点和刀具初始位置
N8 M03 S600 M07;	
N10 G00 X-50 Y-50;	到刀具加工起点
N12 G00 G43 H01 Z10;	加刀具长度补偿
N14 G01 Z-10 F150;	切深 10 mm
N16 M98 P1010;	调用子程序
N18 G01 Z-20 F150;	切深 20 mm
N20 M98 P1010;	调用子程序
N22 G01 Z-30 F150;	切深 30 mm
N24 M98 P1010;	调用子程序
N26 G01 Z-40 F150;	切深 40 mm
N28 M98 P1010;	调用子程序
N30 G91 G28 Z0 G49 M05;	返回参考点
N38 G90 G00 X0 Y0;	到切削工件原点
N40 M30;	程序结束并返回
O1010	子程序号
N10 G01 X-30 Y0 G42 D02 F300;	刀具右补偿
N20 X100;	切削直线轮廓到（100，0）
N30 G02 X300 R100;	R100 mm 圆弧
N40 G01 X400;	直线轮廓到（400，0）
N50 Y300;	直线轮廓到（400，300）
N60 G03 X0 R200;	R200 mm 圆弧
N70 G01 Y-30;	直线轮廓到（0，-30）
N80 G01 X-50 Y-50 G40;	到插补起始点
N90 M99;	子程序结束并返回主程序

13.2.2 缩放编程指令（G51、G50）

功能：数控编程中零件加工轮廓形状相似，在对应坐标轴上的数值是按照固定的比例系数进行放大或者缩小的，为了编程方便，可以采用比例缩放指令来进行编程。

格式：

G51 X_ Y_ Z_ P_ ；

…

G50

程序中，G51——指定缩放开；

　　　　G50——指定缩放关；

　　　　X，Y，Z——给出缩放中心的坐标值；

　　　　P——缩放的比例系数。

说明：

（1）G51 中如果省略了 X、Y、Z，则表示以刀具当前的位置作为缩放中心。

（2）P 后面的数值不能用小数点指定，如 P2000 表示缩放倍数为两倍。

（3）G51 既可指定平面缩放，也可指定空间缩放。

（4）G51、G50 为模态指令，可相互注销，G50 为默认值。

例：如图 13-3 所示，将外轮廓轨迹 $ABCD$ 以原点为中心，在 XY 平面内进行等比例缩放，缩放比例为 2.0，试编写加工程序。

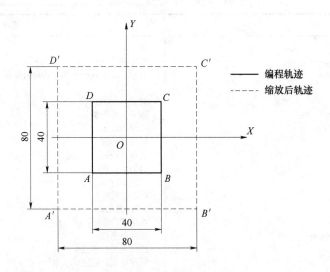

图 13-3　缩放比例编程

编程见表 13-2。

表 13–2　缩放比例编程

程　　序	说　　明
O0108	程序名
N2 G00 G17 G90 G40 G49;	选择 XY 平面为加工平面
N6 M03 S600 M07;	
N8 G00 X–60 Y60 Z10 G54;	调工件坐标原点，刀具定位
N10 G01 Z–5 G43 H01 F100;	下刀，建立长度正向补偿
N12 G51 X0 Y0 P2000;	以原点为缩放中心进行编程，比例为 2
N14 G01 X–20 Y20 G41 F200 D01;	刀具左补偿，以实线轮廓进行编程
N16 X20;	到 C' 点
N18 Y–20;	到 B' 点
N20 X–20;	到 A' 点
N22 Y20;	到 D' 点
N24 G40 X–30 Y30;	取消刀具补偿，回到加工起始点
N26 G50;	取消缩放编程
N28 G00 Z100 G49;	抬刀取消长度补偿
N30 M05 M30;	程序结束并返回

13.2.3　镜像编程指令（G51.1、G50.1）

功能：镜像编程指令可以实现沿某一坐标轴或者某一坐标点进行对称加工。

格式：

G51.1　X__Y__Z__;

…

G50.1

程序中：G51.1——指定镜像编程开；

　　　　X，Y，Z——指定对称轴或者对称点；

　　　　G50.1——取消镜像编程。

说明：有刀补时，先镜像，然后进行刀具长度补偿、半径补偿。

例：如图 13–4 所示，使用镜像编程指令编制①、②、③、④四个轮廓形状，试编写加工程序。

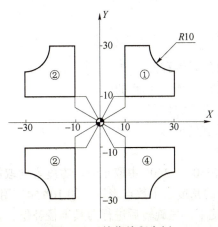

图 13–4　镜像编程实例

编程见表13-3。

表13-3 镜像编程指令G51.1使用方法

程　　序	说　　明
O0001	程序名
N2 G00 G17 G90 G40 G49 G50.1;	选择XY平面为加工平面
N6 M03 S600 M07;	
N8 G54 X0 Y0 Z10;	调工件坐标原点，刀具定位
N10 M98 P1000;	下刀，加工轮廓①后刀具返回原点
N12 G51.1 X0;	Y轴镜像，镜像位置为X=0
N14 M98 P1000;	下刀，加工轮廓②后刀具返回原点
N16 G51.1 Y0;	Y轴镜像，镜像位置为（0，0）
N18 M98 P1000;	下刀，加工轮廓③后刀具返回原点
N20 G50.1 X0;	取消Y轴镜像，X轴镜像继续有效
N22 M98 P1000;	下刀，加工轮廓④后刀具返回原点
N24 G50.1 Y0;	取消X轴镜像
N26 M05 M30;	取消缩放编程
O1000	子程序号
N5 G41 G00 X10 Y5 D01;	到加工起始点，刀具半径补偿
N10 G01 Z-3 G43 H01 F100;	下刀，刀具长度补偿
N15 Y30 F200;	加工轮廓路径
N20 X20;	加工轮廓路径
N25 G03 X30 Y20 I10 J0;	加工轮廓路径
N30 G01 Y10;	加工轮廓路径
N35 X5;	加工轮廓路径
N40 G00 Z10 G49;	抬刀，取消刀具长度补偿
N45 G40 X0 Y0;	回到原点，取消刀具半径补偿
N50 M99;	子程序结束并返回主程序

13.2.4 旋转编程指令（G68、G69）

功能：对于围绕中心旋转得到的特殊轮廓加工，如果根据旋转后的实际加工轨迹进行编程，可能使点位坐标计算变得复杂，通过旋转功能可以大大简化编程工作。

格式：

G68　X__Y__Z__R__；

…

G69

程序中，G68——指定坐标系旋转编程开；

X，Y，Z——用于指定旋转坐标系的中心；

R——指定坐标系的旋转的角度；

G69——取消坐标系旋转编程。

说明：

（1）R指令指定的角度在0°～360°中取正值，零度方向取第一坐标轴的正方向，逆时针方向为角度正向。不足1°的角度以小数点表示，如10°54′用10.9°表示。

（2）在有刀具补偿的情况下，先旋转后进行刀具半径补偿、长度补偿。

（3）G68、G69为模态指令，可相互注销，G69为默认值。

例：如图 13-5 所示，使用旋转编程指令编制①、②、③三个轮廓形状，设刀具起始点距工件上表面 50 mm，切削深度为 5 mm，试编写加工程序。

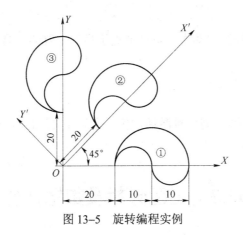

图 13-5 旋转编程实例

编程见表 13-4。

表 13-4 旋转指令加工程序

程 序	说 明
O0001	程序名
N2 G00 G17 G90 G40 G49 G69;	选择 XY 平面为加工平面
N6 M03 S600 M07;	
N8 G54 X0 Y0 Z50;	调工件坐标原点，刀具定位
N10 G00 Z10;	下刀，距工件上表面 10 mm
N12 M98 P2000;	调用子程序加工轮廓
N14 G68 X0 Y0 R45;	以坐标原点旋转 45°
N16 M98 P2000;	调用子程序加工轮廓
N18 G68 X0 Y0 R90;	以坐标原点旋转 90°
N20 M98 P2000;	调用子程序加工轮廓
N22 G00 Z50;	抬刀
N24 G69;	取消旋转
N26 M05 M30;	程序结束并返回
O2000	子程序号
N5 G00 G41 X20 Y-5 D02 F300;	到加工起始点，刀具半径补偿
N10 G01 Z-5 G43 H01 F100;	下刀，刀具长度补偿
N15 G01 Y0 F200;	加工轮廓路径
N20 G02 X40 I-10;	加工轮廓路径
N25 X30 I-5;	加工轮廓路径
N30 G03 X20 I-5;	加工轮廓路径
N35 G01 Y-6;	加工轮廓路径
N40 G00 Z10 G49;	抬刀，取消刀具长度补偿
N45 G40 X0 Y0;	回到原点，取消刀具半径补偿
N50 M99;	子程序结束并返回主程序

13.2.5 加工中心自动换刀指令 M06、选刀指令 T

1. 换刀指令 M06

格式：M06；

说明：刀库机械手执行换刀动作，将当前处于换刀位置的刀具换到主轴上，并将主轴上的刀具送入刀库指定位置。

2. 选刀指令 T

格式：T__；

说明：系统执行到这时，选刀信号激活，将当前换刀位置的刀号与 01 号比较，刀库旋转，将选定刀具处于换刀位置。

13.3 工艺分析及数据计算

13.3.1 零件工艺分析及尺寸计算

1. 型腔零件加工工艺分析

型腔铣削是在一个封闭区域内去除材料，该区域由侧壁和底面围成，主要加工要求有：侧壁和底面的尺寸精度、表面粗糙度和二维平面内轮廓的尺寸精度。

对于较浅的型腔，可以用键槽铣刀插铣到底面深度，先铣削型腔的中间部分，然后再利用刀具半径补偿对垂直侧壁轮廓进行精加工。对于较深的内部型腔，宜在深度方向分层切削，常用的方法是预先钻削一个到所需要深度的孔，然后再使用比孔尺寸小的平底立铣刀从 Z 方向进入预定深度，随后进行侧面铣削加工，将型腔扩大到所需要的尺寸和形状。

型腔铣削水平方向刀具路线有以下几种：Z 形走刀路线、环形走刀路线，先用行切法粗加工，后环切一周进行半精加工。如图 13-6 所示。

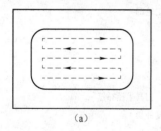 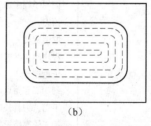 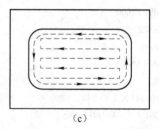

(a)　　　　　　　　　(b)　　　　　　　　　(c)

图 13-6　型腔切削的走刀路线

2. 案例加工工艺分析、刀具选择、数值计算和走刀路线设计

图 13-1 所示典型案例零件是典型槽加工零件，具有尺寸公差要求和表面粗糙度要求，根据图样特点，使用平口虎钳进行装夹，辅助装夹工具还有螺栓、等高垫铁和百分表等。

选取工件中心处上表面为工件原点，使用中心钻进行定位预钻，使用麻花钻进行下刀孔钻孔，最后使用立铣刀进行型腔粗、精铣加工。

制定加工工艺方案，确定工步内容和加工刀具及切削用量，见表 13-5。

表 13-5 典型案例工步内容、刀具及切削用量

操作序号	工步内容	刀具号	刀具类型	切削用量		
				主轴转速/(r·min^{-1})	进给速度/(mm·min^{-1})	切削深度/mm
1	中心钻定位	01	A3	800	80	0.5
2	麻花钻钻下孔刀	02	ϕ20 麻花钻	400	100	5
3	粗、精铣型腔	03	ϕ16 键槽铣刀	600～1 000	200～300	5

走刀路线设计如图 13-7 所示。

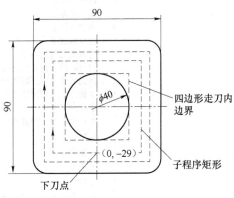

图 13-7 典型案例走刀路线设计

13.4 程序编制

如图 13-1 所示典型案例零件在三轴数控铣床上加工，数控加工程序编制见表 13-5。

表 13-5 典型案例零件数控加工程序

程 序	说 明
O0008	程序名（程序不含定位孔预钻程序）
N2 G00 G17 G90 G40 G49 G21;	程序初始化
N4 G00 G54 X0 Y0 Z100;	调 G54 坐标原点，刀具定位
N6 M03 S600 M07;	粗加工转速 600 r/min，主轴为 03 号键槽铣刀
N8 G00 Z5 G43 H01;	刀具快速进刀，加刀具长度补偿
N10 G00 X0 Y−29;	下刀点位置
N12 G00 Z2 G43 H01;	快速下刀，加刀具长度补偿
N14 G01 Z−5 F50;	切削下刀深 3 mm
N16 M98 P0001 D01(D01=−22);	调用子程序进行第一层切削
N16 M98 P0001 D02(D02=−10);	变化刀补进行第一层切削
N18 M98 P0001 D03(D03=0);	变化刀补进行第一层切削
N20 M98 P0001 D04(D04=7);	变化刀补进行第一层切削
N22 G01 Z−10 F50;	下刀深 10 mm
N24 G03 X0 Y−29 I0 J29;	ϕ40 mm 圆柱粗加工
N26 M98 P0001 D03(D03=0);	调用子程序进行第二层切削
N28 M98 P0001 D04(D04=7);	变化刀补进行第二层切削

续表

程　　序	说　　明
N30 G41 G01 X–20 Y–20 D05(D05=8);	建立刀具补偿，准备精加工$\phi 40$ mm 圆柱
N32 G01 Y0;	直线相切方式进刀
N34 G03 X–20 Y0 I20 J0;	精加工圆台
N36 G01 Y20;	直线相切方式退刀
N38 G40 X–29 Y29;	取消刀具补偿，圆柱精加工结束
N40 G42 G01 X–44 Y–36 D05(D05=8);	建立刀具补偿，准备内腔精加工
N42 G03 X–35 Y–45 R9;	圆弧相切方式进刀
N44 G01 X35;	内腔精加工
N46 G03 X45 Y–35 R10;	内腔精加工
N50 G01 X–35;	内腔精加工
N52 G03 X–45 Y35 R10;	内腔精加工
N54 G01 Y–35;	内腔精加工
N56 G03 X–35 Y–45 R10;	内腔精加工
N58 G03 X–26 Y–36 R9;	圆弧相切方式退刀
N60 G00 Z100 G49;	抬刀取消刀具长度补偿
N62 G40 X0 Y0 M09;	回到刀具起点，取消补偿
N64 M05 M30;	主轴停止，程序结束并返回
O0001	子程序名
N10 G01 X–29 Y–29 G41 F150;	走矩形，建立刀具半径补偿
N12 Y29;	走矩形
N14 X29;	走矩形
N16 Y–29;	走矩形
N18 X–29;	走矩形
N20 G01 X0 Y–29 G40;	取消刀具半径补偿，回到下刀点
N22 M99;	子程序结束并返回

13.5　实　训　内　容

在 FANUC 0I Mate–MC 数控铣床床上加工如图 13-8 所示零件，毛坯为 100 mm×100 mm× 30 mm 的已粗加工胚料，材料为硬铝，要求编制数控加工程序，完成如图 13-8 所示圆形槽和中间方柱加工。

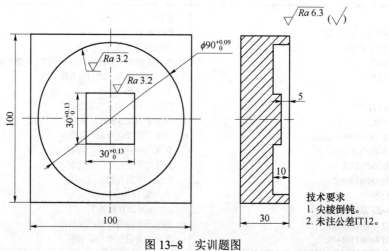

图 13-8　实训题图

13.6 自 测 题

1. 填空题（请将正确的答案填写在空格内）

（1）M98、M99 的含义分别是_____、_____。

（2）为了简化程序，可以让子程序调用另一个子程序成为_____。

（3）比例缩放编程开指令为_____，缩放编程关指令为_____。

（4）镜像编程开指令为_____，镜像编程关指令为_____。

（5）旋转编程开指令为_____，旋转编程关指令为_____。

2. 选择题（请将正确答案的序号填写在括号中）

（1）有些零件需要在不同的位置上重复加工同样的轮廓形状，应采用（　　）。
A. 比例加工功能　　B. 镜像加工功能　　C. 旋转功能　　D. 子程序调用功能

（2）在现代数控系统中系统都有子程序功能，并且子程序（　　）嵌套。
A. 只能有一层　　B. 可以有限层　　C. 可以无限层　　D. 不能

（3）下面指令中不是模态指令的是（　　）。
A. M02　　B. M03　　C. M04　　D. M05

（4）程序加工完成后，程序复位，光标能自动回到起始位置的指令是（　　）。
A. M00　　B. M01　　C. M30　　D. M02

（5）子程序结束的程序代码是（　　）。
A. M02　　B. M99　　C. M19　　D. M30

（6）在选用了刀具半径补偿的条件下，进行整圆切削应采取（　　）。
A. 法向切入切出法　　B. 圆弧切入切出法　　C. A、B 均可　　D. 无法判断

3. 使用缩放功能编制如图 13-9 所示轮廓台阶，已知三角形 *ABC* 的顶点为 *A*（10，30）、*B*（90，30）、*C*（50，110），三角形 *A′B′C′* 是缩放后的图形，其缩放中心为 *D*（50，50），缩放系数为 0.5，设刀具起点距工件上表面 50 mm。

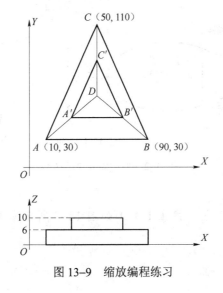

图 13-9　缩放编程练习

项目 14 数控宏程序应用

典型案例 1:
在 FANUC 0I Mate-TC 数控车床上加工如图 14-1 所示零件,设毛坯材料为 45 钢。

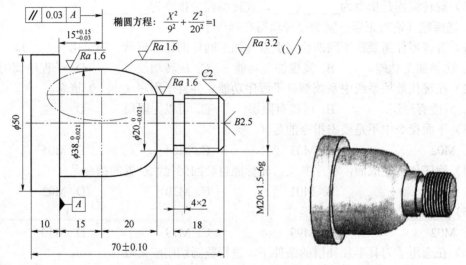

图 14-1 典型案例 1 零件图

椭圆方程:$\dfrac{X^2}{9^2}+\dfrac{Z^2}{20^2}=1$

典型案例 2:
在 FANUC 0I Mate-TC 数控车床上加工如图 14-2 所示零件,设毛坯材料为 45 钢。

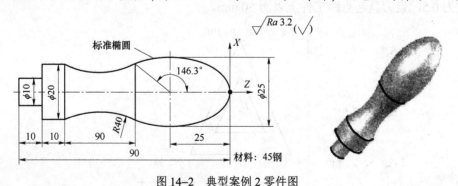

图 14-2 典型案例 2 零件图

典型案例 3:
在 FANUC 0I Mate-MC 数控铣床上加工如图 14-3 所示零件上的 20-φ12,设毛坯材料为 45 钢。

数控宏程序应用 项目 14

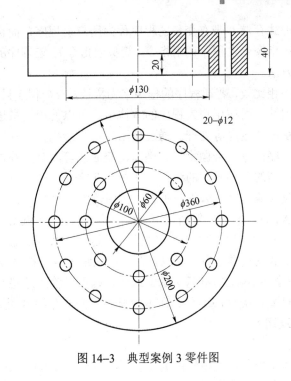

图 14-3 典型案例 3 零件图

14.1 技能解析

（1）掌握 FANUC 0I 数控系统宏程序的编制和使用，掌握非模态调用宏程序指令 G65、模态调用宏程序指令 G66、取消模态调用宏程序指令 G67 的应用。

（2）了解数控车床加工椭圆零件的特点，并能够正确地对椭圆零件进行数控车削工艺分析。

（3）通过对椭圆零件的加工，掌握数控车床宏程序的编程技巧。

（4）了解数控铣床加工圆周均布孔的方法，掌握数控铣床使用宏程序进行编程的方法。

14.2 相关知识

14.2.1 宏程序认识

1. 用户宏程序

用户宏程序是 FANUC 数控系统及类似产品中的特殊编程功能。用户宏程序的实质与子程序相似，它也是把一组实现某种功能的指令，以子程序的形式预先存储在系统存储器中，通过宏程序调用指令执行这一功能。用户利用数控系统提供的变量、数学运算功能、逻辑判断功能和程序循环功能等，来实现一些特殊的编程功能。在主程序中，只要编入相应的调用指令就能实现这些功能。

一组以子程序的形式存储并带有变量的程序称为用户宏程序，简称宏程序。调用宏程序的指令称为用户宏程序指令或宏程序调用指令（简称宏指令）。宏程序的编制方法可简单地解释为利用变量编程的方法。

宏程序与普通程序相比较，普通程序的程序字为常量，一个程序只能描述一个几何形状，所以缺乏灵活性和适用性。而在用户宏程序的本体中，可以使用变量进行编程，还可以用宏指令对这些变量进行赋值和运算等处理。通过使用宏程序能执行一些有规律变化（如非圆二次曲线）的动作。宏程序指令适合抛物线、椭圆、双曲线等没有插补指令的曲线编程；适合图形一样，只是尺寸不同的系列零件的编程；适合工艺路径一样，只是位置参数不同的系列零件的编程。宏程序较大地简化了编程，扩大了应用范围。

用户宏程序分为 A、B 两种。一般情况下，在一些老版的 FANUC 系统（如 FANUC OTD 系统）的版面上没有"+""-""*""/""=""[ ]"等符号，故不能进行这些符号的输入，也不能用这些符号进行赋值及数学运算。所以，在这些系统中只能按 A 类宏程序进行编程。而在 FANUC 0I 及其后（如 FANUC 18I 等）的系统中，则可以输入这些符号并运用这些符号进行赋值及数学运算，即按 B 类程序编程。在本教材中我们只介绍 B 类宏程序。

2. 宏程序的格式及调用

1）宏程序的格式

用户宏程序与子程序相似，程序号由英文字母 O 及后面的四位数字组成，以 M99 指令作为宏程序结束、返回主程序的标记。

例：O0060　　　　　　（宏程序号）

N10 #4=#1*SIN[#3]；

N20 #5=#2*COS[#3]；

N30 #6=#4*2；

N40 #8=#5−#2；

N50 G01 X#6 Z#8 F#9；

N60 #3=#3+0.01；

N70 IF [#3LE#7] GOTO 10；

N80 M99；　　　　　（宏程序结束，返回主程序）

2）宏程序的调用

宏程序的调用，有用子程序调用（M98）、非模态调用（G65）、模态调用（G66 G67）和用 T 代码调用等多种方法，其中常用的有：用指令 M98 调用、非模态调用（G65）、模态调用（G66 G67）三种方法。非模态调用（G65）、模态调用（G66 G67）可以嵌套 4 级，但不包括程序调用（M98）。

（1）子程序调用（M98）。

用指令 M98 调用宏程序的方法与调用子程序的方法相同，请读者参照本书项目 8 中有关子程序的调用章节使用，此处不再赘述。

（2）非模态调用（G65）。

当指定 G65 时，以地址 P 指定的用户宏程序被调用，数据将传递到用户宏程序体中。

格式：

G65 Pp Ll <变量赋值>；

程序中，G65——调用宏程序指令，该指令必须写在程序段的句首；
　　　　p——要调用的宏程序的程序号；
　　　　l——调用宏程序次数，省略 l 值时，认为调用一次宏程序；
　　　　变量赋值——将有关数据传递到宏程序相应的局部变量中。
　　例：
　　G65　P6000　L2　A10.0　B2.0；
　　调用 2 次程序号为 O6000 的宏程序，将数据 10.0 经变量引数 A 传递到宏程序的#1 号变量中，即#1=10；将数据 2.0 经变量引数 B 传递到宏程序的#2 号变量中，即#2=2。
　　（3）模态调用（G66）。
　　程序中一旦出现 G66 指令，则指定模态调用宏程序，即在沿坐标轴移动的程序段后，调用地址 P 指定的宏程序。
　　格式：
　　G66 P*p* L*l* <变量赋值>；
　　…　　（坐标轴移动程序段）
　　G67；　　（取消模态）
程序中，G66——调用宏程序指令，该指令必须写在程序段的句首；
　　　　p——要调用的宏程序的程序号；
　　　　l——调用宏程序次数，省略 l 值时，认为调用一次宏程序；
　　　　变量赋值——将有关数据传递到宏程序的相应局部变量中；
　　　　G67——取消模态调用宏程序。
　　在 G66 与 G67 之间要有坐标轴移动的程序段，否则不能调用宏程序。
　　例：G66 P6000 L2 A10.0 B2.0；
　　G00 G90 Z−10.0；
　　X−5.0；
　　G67；
　　程序进行到 Z−10.0，调用 2 次程序号为 O6000 的宏程序，进行到 X−5.0，再调用 2 次程序号为 O6000 的宏程序。同时将数据 10.0 经变量引数 A 传递到宏程序的#1 号变量中，即#1=10；将数据 2.0 经变量引数 B 传递到宏程序的#2 号变量中，即#2=2。然后取消模态调用宏程序。

14.2.2　变量及变量的运算

1. 变量的表示和引用

1）变量

在常规的主程序和子程序中，总是将一个具体的数值赋给一个地址，为了使程序更加具有通用性、灵活性，故在宏程序中设置了变量。

（1）变量表示。

一个变量由符号#和变量序号组成，如#I（I=1，2，3，…）。还可以用符号#和表达式进行表示，但其表达式必须全部写入"[ ]"，如#[表达式]。程序中的"( )"只用于注释语句。

例：#5，#109，#501，#[#1+#2−12]。

(2)变量的引用。

我们将跟随地址符后的数值用变量来代替的过程称为引用变量。

① 地址字后面指定变量号或表达式。

表达式必须全部写入"[ ]"中。改变变量值的符号时,要把负号(–)放在#的前面。

格式：　　＜地址字＞#I；

　　　　　＜地址字＞–#I；

　　　　　＜地址字＞[表达式]；

例：F#103，设#103=15，则为 F15；

Z–#110，设#110=250，则为 Z–250；

X[#24+#18*COS[#1]]，则为用含有变量的表达式代替数值。

② 变量号可用变量代替。

例：#[#30]，设#30=3，则为#3。

③ 变量号所对应的变量，对每个地址来说，都有具体数值范围。

例：#30=1 100 时，则 M#30，是不允许的。

④ 在程序中定义变量值时，可省略小数点。

例：当定义#123=149 时，变量#123 的实际值是 149.00。

(3)变量的种类。

变量分为空变量、局部变量、公共变量和系统变量四种。宏程序编程中通常使用局部变量和公共变量。

① 空变量。

#0 为空变量，该变量总是空，没有任何值能赋给该变量。

没有定义变量值的变量也是空变量。

② 局部变量。

局部变量(#1～#33)是在宏程序中局部使用的变量。局部变量只能用在宏程序中存储数据，例如存储运算结果。当断电时局部变量被初始化为空，调用宏程序时自变量对局部变量赋值，即断电后清空，调用宏程序时代入变量值。

当宏程序 A 调用宏程序 B 而且都有变量#1 时，由于变量#1 服务于不同的局部，所以宏程序 A 中的#1 与宏程序 B 中的#1 不是同一个变量，因此可以赋予不同的值，且互不影响。

例：A 宏程序　　B 宏程序

　　　…　　　　　…

　　#10=20　　X#10 不表示 X20

　　　…　　　　　…

③ 公共变量。

公共变量(#100～#199、#500～#999)贯穿于整个程序过程，是各用户宏程序内公用的变量。公共变量在不同的宏程序中的意义相同。当断电时，变量#100～#199 初始化为空变量，变量#500～#999 的数据保存，即使断电也不丢失。

同样，当宏程序 A 调用宏程序 B 而且都有变量#100 时，由于#100 是公共变量，所以宏程序 A 中的#100 与宏程序 B 中的#100 是同一个变量。

例：A 宏程序   B 宏程序
　　　...　　　　...
　　#100=20   X#100 表示 X20
　　　...　　　　...

④ 系统变量。

系统变量（#1 000~　）用于读和写 CNC 运行时的各种数据，是固定用途的变量，其值取决于系统的状态。例如，刀具的当前位置和补偿值等。系统变量是自动控制和通用加工程序开发的基础。

例：#2001 值为 1 号刀补 X 轴补偿值；

#5221 值为 X 轴 G54 工件原点偏置值。

输入时必须输入小数点，小数点省略时单位为 μm。

2. 变量的运算

1）运算指令

B 类宏程序的运算指令与 A 类宏程序的运算指令有很大的区别，它的运算与数学运算相似，仍用数学符号来表示。常用运算指令有以下几种类型，其运算式中：#I 为存放运算结果的变量；#j 为需要运算的变量 1；#k 为需要运算的变量 2；运算符的左边可以是常数、变量、函数、表达式，运算符的右边也可以是常数、变量、函数、表达式，程序中#j、#k 也可为常量。在程序中指令函数时，函数名的前两个字母可以用于指定该函数，即只写开头两个字母。

例：四舍五入取整函数 ROUND 可缩写成 RO；下取整函数 FIX 可缩写成 FI。

（1）定义、转换。

格式：#I=#j；

示例：#100=#1，#100=30.0；

（2）算术运算。

① 加法。

格式：#I=#j+#k；

示例：#100=#1+#2；

② 减法。

格式：#I=#j−#k；

示例：#100=#100.0−#2；

③ 乘法。

格式：#I=#j*#k；

示例：#100=#1*#2；

④ 除法。

格式：#I=#j/#k；

示例：#100=#1/30；

（3）逻辑运算

① 或。

格式：#I=#j OR#k；

② 异或

格式：#I=#j XOR#k；

③ 与。

格式：#I=#j AND#k；

说明：逻辑运算一位一位地按二进制执行。

（4）函数。

① 正弦。

格式：#I=SIN[#j]；

示例：#100=SIN[#1]；

② 余弦。

格式：#I=COS[#j]；

示例：#100=COS[36.3+#2]；

③ 正切。

格式：#I=TAN[#j]；

示例：#100=TAN[#1]；

④ 反正弦。

格式：#I=ASIN[#j]；

说明：#j 的赋值范围不能超出−1 到 1，可用常数代替变量#j。

⑤ 反余弦。

格式：#I=ACOS[#j]；

说明：#j 的赋值范围不能超出−1 到 1，可用常数代替变量#j。

⑥ 反正切。

格式：#I=ATAN[#j]/[#k]；

示例：#100=ATAN[#1]/[#2]；

说明：

函数 SIN、COS、ASIN、ACOS、TAN 和 ATAN 中的角度单位为度，分和秒要换算成度。例：90°30′表示分为 90.5°，30°18′表示为 30.3°。

⑦ 四舍五入取整。

格式：#I=ROUND[#j]；

⑧ 下取整。

格式：#I=FIX[#j]；

⑨ 上取整。

格式：#I=FUP[#j]；

说明：

a. 当算术运算或逻辑运算中包含 ROUND 函数时，则 ROUND 函数在第一个小数位置四舍五入。

例：当执行#1=ROUND[#2]时，此处#2=1.234 5，变量 1 的值为 1.0。

若程序语句的地址中使用 ROUND 四舍五入函数，则按各地址的最小设定单位进行四舍五入。

例：设#1=1.234 5，最小设定单位为 1 μm。执行 G01X−#1，则移动 1.235 mm。

b. CNC 处理数值运算时，若操作后产生的整数绝对值大于原数的绝对值，为上取整；若小于原数的绝对值，则为下取整。对于负数的处理应特别小心。

例：设#1=1.2，#2=−1.2：

若#3=FUP[#1]，则#3=2.0；

若#3=FIX[#1]，则#3=1.0；

若#3=FUP[#2]，则#3=−2.0；

若#3=FIX[#2]，则#3=−1.0。

⑩ 平方根。

格式：#I=SQRT[#j]；

示例：#100=SQRT[#1*#1−100]；

⑪ 绝对值。

格式：#I=ABS[#j]；

⑫ 自然对数。

格式：#I=LN[#j]；

说明：可用常数代替变量#j。

⑬ 指数函数。

格式：#I=EXP[#j]；

示例：#100=EXP[#1]；

说明：可用常数代替变量#j。

⑭ 从 BCD 转为 BIN。

格式：#I=BIN[#j]；

说明：用于与 PMC 的信号交换。

⑮ 从 BIN 转为 BCD。

格式：#I=BCN[#j]

说明：用于与 PMC 的信号交换。

2）运算次序

（1）优先等级。

在宏程序数学计算的运算中，运算的先后次序是：函数运算（SIN、COS、TAN、ASIN 等），乘和除运算（*、/、AND 等），加和减运算（＋、−、OR、XOR 等）。

例：#1=#2＋#3*SIN[#4]；

运算次序是：

① 函数运算 SIN[#4]；

② 乘和除运算#3*SIN[#4]；

③ 加和减运算#2＋#3*SIN[#4]。

（2）括号嵌套。

括号用于改变运算次序，函数中的括号允许嵌套使用，但最多只允许嵌套五层。其中括号指中括号，而圆括号只用于注释语句，不能改变运算次序。

例：#1=SIN[[[#2+#3]*#4+#5]*#6]；

运算次序如下：(三重嵌套)
① [#2+#3];
② [[#2+#3]*#4+#5];
③ SIN[[[#2+#3]*#4+#5]*#6]。

14.2.3 变量的赋值

变量的赋值就是把一个常数或不含变量表达式的值传给一个宏变量的过程。
格式：宏变量 = 常数 或 表达式
例如：#2 = 175/SQRT[2] * COS[55 /180];
　　　#4=8；
变量的赋值分为直接赋值和引数赋值两种。

1. 直接赋值

变量可以在操作面板上用 MDI 方式直接赋值，也可以在程序中用等式方式赋值，但等号左边不能用表达式。
例：#100=100.0;
　　#100=30.0+20.0;

2. 引数赋值

宏程序以子程序方式出现，所用的变量可在宏程序调用时赋值。
例：G65 P1000 X100.0 Y30.0 Z20.0 F0.1；
该处的 P 为宏程序的名，X、Y、Z 不代表坐标字，F 也不代表进给字，而是对应于宏程序中的变量号，变量的具体数值由引数后的数值决定。引数与宏程序体中的变量的对应关系有两种，见表 14-1 和表 14-2。

表 14-1 变量赋值方法 I

引数	变量	引数	变量	引数	变量
A	#1	K3	#12	J7	#23
B	#2	I4	#13	K7	#24
C	#3	J4	#14	I8	#25
I1	#4	K4	#15	J8	#26
J1	#5	I5	#16	K8	#27
K1	#6	J5	#17	I9	#28
I2	#7	K5	#18	J9	#29
J2	#8	I6	#19	K9	#30
K2	#9	J6	#20	I10	#31
I3	#10	K6	#21	J10	#32
J3	#11	I7	#22	K10	#33

表 14–2　变量赋值方法Ⅱ

引数	变量	引数	变量	引数	变量
A	#1	I	#4	T	#20
B	#2	J	#5	U	#21
C	#3	K	#6	V	#22
D	#7	M	#13	W	#23
E	#8	Q	#17	X	#24
F	#9	R	#18	Y	#25
H	#11	S	#19	Z	#26

这两种方法可以混用，根据使用的字母，系统自动决定变量赋值方法的类型，其中 G、L、N、O、P 不能作为引数地址字代替变量赋值。变量赋值方法Ⅰ使用 A、B、C 各 1 次，I、J、K 10 次，用于传递诸如三维坐标变量的值。I、J 和 K 的下标用于确定引数地址字指定的顺序，在实际编程中不写。

一般引数地址字不需要按字母顺序指定，但应符合字地址的格式，而 I、J 和 K 需要按字母顺序指定。如果变量赋值方法Ⅰ和变量赋值方法Ⅱ混合指定的话，后指定的变量赋值方法有效。

例：变量赋值方法Ⅰ。

G65 P0030 A50.0 I40.0 J100.0 K0 I20.0 J10.0 K40.0；

经赋值后，#1=50.0，#4=40.0，#5=100.0，#6=0，#7=20.0，#8=10.0，#9=40.0。

例：变量赋值方法Ⅱ。

G65 P0020 A50.0 X40.0 F100.0；

经赋值后，#1=50.0，#24=40.0，#9=100.0。

例：变量赋值方法Ⅰ和Ⅱ混合使用。

G65 P0040 A50.0 D40.0 I100.0 K0 I20.0；

经赋值后，#1=50.0，由于 D40.0 与 I20.0 同时分配给变量#7，则后一个变量赋值 I20.0 有效，所以变量#7=20.0，#4=100.0，#6=0。

14.2.4　转向语句

在宏程序中，使用转向语句可以改变控制程序的流向。转向语句中有三种转移和循环指令可供使用。

1. 无条件转移（GOTO 语句）

当程序中出现 GOTO 语句时，程序将无条件地转移到指定的顺序号 n 的程序段。其中顺序号 n 可用表达式（变量）指定。

格式：GOTO　n；

例 1：GOTO　1 000；

当程序执行到该程序段时，将无条件地转移到 N1000 程序段执行。

例 2：GOTO　#10；

当程序执行到该程序段时，将无条件地转移到 N#10 程序段执行。

2. 条件转移（IF 语句）

1）IF［条件表达式］GOTO *n*

在程序执行过程中，如果指定的条件表达式满足，程序将转移到指定的顺序号 *n* 的程序段继续执行；如果指定的条件表达式不满足，程序将执行下一个程序段。

条件表达式中必须包含运算符,运算符插在两个变量或变量和常数之间,并且用括号([ ])封闭起来。运算符由两个字母组成，用于两个值的比较，以决定它们是相等还是一个值小于或是大于另一个值。条件表达式的种类见表 14–3。

格式：IF[条件表达式]GOTO *n*；

例：IF[#1 GT 10] GOTO 100；

…

N100 G00 X10；

…

当程序执行到该程序段时，如果变量#1 大于 10，程序将转移到 N100 程序段执行；如果变量#1 不大于 10，程序将执行下一个程序段。

表 14–3 条件表达式的种类

条件	意义	示例
#*j* EQ #*k*	等于（=）	IF [#5 EQ #6] GOTO 100
#*j* NE #*k*	不等于（≠）	IF [#5 NE #6] GOTO 100
#*j* GT #*k*	大于（>）	IF [#5 GT #6] GOTO 100
#*j* LT #*k*	小于（<）	IF [#5 LT #6] GOTO 100
#*j* GE #*k*	大于等于（≥）	IF [#5 GE #6] GOTO 100
#*j* LE #*k*	小于等于（≤）	IF [#5 LE #6] GOTO 100

例：计算自然数 1 到 10 的总和。

O0001；	程序号
#1=0；	和数变量的初值赋值
#2=1；	被加数变量的初值赋值
N10 IF [#2 GT 10] GOTO 20；	当被加数大于 10 时转移到 N20
#1=#1+#2；	计算和数
#2=#2+1；	下一个被加数
GOTO 10；	转移到 N10
N20 M30；	程序结束

2）IF [条件表达式] THEN

在程序执行过程中，如果指定的条件表达式满足，则执行一个预先决定的宏程序语句。

格式：IF [条件表达式] THEN；

例：IF [#1EQ #2] THEN #3=0；

如果#1 和#2 的值相等，就将 0 赋值给#3。

3. 循环（WHILE 语句）

在程序执行过程中，如果指定的条件表达式满足，程序将循环执行从 WHILE 到 END 之间的程序段 m 次；如果指定的条件表达式不满足，程序将执行"END m;"之后的程序段。如果在程序中省略 WHILE 语句，只有"DO m; … END m;"，则程序段从"DO m;"到"END m;"之间形成死循环。在 WHILE 语句中，DO 后的数值 m 和 END 后的数值 m 都是指定程序循环次数的标号，m 只能在 1，2，3 这三个数中取一个，否则数控系统将会产生报警。在程序中，WHILE 语句可以重复和嵌套使用（最多三层），但不能出现交叉循环（DO 的范围重叠）。

格式：WHILE[条件表达式]DO m;(m=1，2，3)

…

END m;

…

例：计算自然数 1 到 10 的总和。

O0001;	程序号
#1=0;	和数变量的初值赋值
#2=1;	被加数变量的初值赋值
WHILE [#2 LE 10] DO 1;	当被加数小于 10 时，执行循环 1 次
#1=#1+#2;	计算和数
#2=#2+1;	下一个被加数
END 1;	循环 1 次
M30;	程序结束

14.2.5 与宏程序编程有关的问题

1. 基点、节点的概念

一个零件的轮廓往往由许多不同的几何元素组成，如直线、圆弧、二次曲线以及其他公式曲线等。构成零件轮廓的这些不同几何元素的连接点称为基点。如图 14-4 中的 A、B、C、D、E、F 和 G 等点都是该零件上的基点。显然，相邻基点间只能有一个几何元素。

当采用不具备非圆曲线插补功能的数控机床加工非圆曲线的零件时，在加工程序的编制过程中，常常需要用直线或圆弧去近似代替非圆曲线，称为拟合处理。拟合线段的交点就称为节点。如图 14-5 中的 P_1、P_2、P_3、P_4、P_5 等点为直线拟合非圆曲线时的节点。

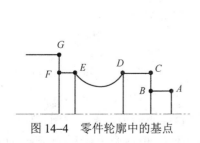

图 14-4 零件轮廓中的基点

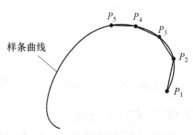

图 14-5 零件轮廓中的节点

在数控车床上用宏程序加工非圆曲线，实际上也是将该曲线细分成许多段后，用直线进行拟合形成的，故实际加工完成的非圆曲线是由许多极短的折线段构成的。

2. 基点、节点的计算

常用的基点计算方法有列方程求解法、三角函数法和计算机绘图求解法等。其中，列方程求解法、三角函数法主要通过运用数学基础知识采用手工计算的方法进行，通常用于简单直线和圆弧基点的计算，其计算过程较为复杂。计算机绘图求解法则通过计算机及其 CAD 软件，用绘图分析的方法来求解基点和节点，这种方法主要用于复杂轮廓基点或非圆曲线节点的分析。这种分析方法避免了大量复杂的人工计算，操作方便，基点分析精度高、出错概率小。因此，建议尽可能采用这种方法来分析基点与节点坐标。

3. 椭圆的近似画法

由于 G71 指令内不能采用宏程序进行编程。因此，粗加工过程中常用圆弧来代替非圆曲线，采用圆弧代替椭圆的近似画法如图 14-6 所示，其操作步骤如下。

（1）画出长轴 AB 和短轴 CD，连接 AC 并在 AC 上截取 AF，使其等于 AO 与 CO 之差 CE。

（2）作 AF 的垂直平分线，使其分别交 AB 与 CD 于 O_1 和 O_2 点。

（3）分别以 O_1 和 O_2 为圆心、O_1A 和 O_2C 为半径作出圆弧 AG 与 CG，该圆弧即为四分之一的椭圆。

（4）用同样的方法画出整个椭圆。

4. 椭圆编程的极角问题

椭圆曲线除了采用公式"$X^2/a^2+Y^2/b^2=1$"（其中 a 和 b 为半轴长度）来表示外，还可以采用参数方程"$X=a\cos\alpha,\ Y=b\sin\alpha$"来表示，其中 α 为椭圆参数方程的离心角。对于椭圆极坐标的极角 β，在编程中一定要特别注意，除了椭圆上四分点处的极角 β 等于参数方程的离心角 α 外，其余各点处的极角 β 与离心角 α 的角度均不相等，如图 14-7 所示。

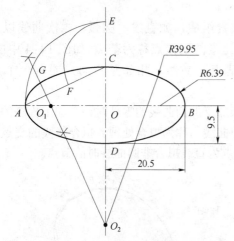

图 14-6 四心近似画椭圆

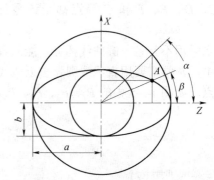

图 14-7 椭圆的极角与离心角

5. 指令 G71、G73 与宏程序

在 FANUC 0I 系统的固定循环中，外圆粗车循环 G71 指令内部不能使用宏程序进行编程，而成形车削循环 G73 指令内部可以使用宏程序进行编程，但不能含有宏程序调用或子程序调用指令。采用 G73 指令进行宏程序编程时，刀具的空行程较多，为减少空行程，可先采用 G71 指令去除局部毛坯余量，然后再运用 G73 进行加工。

6. 内椭圆加工

加工内椭圆时，对于所用刀具，应选择较大的副偏角，同时将后刀面磨成圆弧面，以防止副切削刃和后刀面与所加工表面发生干涉。

内椭圆编程时，由于其退刀余量较小。因此，粗加工时在配有 FANUC 0I 系统的车床上不能采用 G73 指令进行编程，而只能采用 G71 指令用圆弧代替椭圆曲线进行编程。

7. 刀具补偿

宏程序中也可以采用刀尖圆弧补偿进行编程。采用刀尖圆弧补偿时，要特别注意引入补偿的时机。

14.3 工艺分析及数据计算

14.3.1 椭圆零件加工典型案例 1 的工艺分析及数据计算

1. 工艺分析

（1）通过对图 14-1 的分析，选用毛坯为 $\phi 50$ mm×100 mm 的棒料，确定工件右端为加工部分。

（2）以毛坯 $\phi 50$ mm 圆柱表面及工件右端面为定位基准，用三爪自定心夹紧的装夹方式装夹。

（3）编程原点确定：如图 14-1 所示，以完成加工后的工件右端面回转中心作为编程原点。

2. 制定工艺方案

（1）采用圆弧代替椭圆粗车工件右端外轮廓。

（2）采用圆弧代替椭圆精车工件右端外轮廓。

（3）切螺纹退刀槽。

（4）加工外螺纹。

（5）采用宏程序精加工椭圆曲面。

3. 选择刀具及切削用量

1）刀具的选择

1 号刀为外圆车刀，负责粗、精车外圆表面。

2 号刀为切槽车刀，刃宽为 3 mm，负责加工螺纹退刀槽。

3 号刀为螺纹车刀，负责螺纹加工。

2）切削用量的选择

根据加工要求选用的切削用量见表 14-4。

表 14-4 切削用量

加工内容	主轴转速 S/（r·min^{-1}）	进给速度 F/（mm·r^{-1}）
粗车外轮廓	800	0.2
精车外轮廓	1 500	0.05
切螺纹退刀槽	600	0.10
车外螺纹	600	1.5
精车椭圆曲面	1 500	0.05

4. 数据计算

1）采用近似画法画出整个椭圆

本案例为了保证工件加工后的精加工余量，如图 14-1 所示，将长轴半径设为 20.5 mm，短轴半径设为 9.5 mm。采用近似画椭圆的方法画出的圆弧 AG 的半径为 R6.39 mm，圆弧 CG 的半径为 R39.95 mm。G 点相对于 O 点的坐标为（-16.8，5.8）。

2）椭圆曲线的编程思路

将本案例中的椭圆曲线分成 200 条线段后，用直线进行拟合，每段直线在 Z 轴方向的间距为 0.1 mm。如图 14-6 所示，根据椭圆曲线公式，以 Z 坐标作为自变量，X 坐标作为因变量。Z 坐标每次递减 0.1 mm，计算出对应的 X 坐标值。根据椭圆方程"$X^2/9^2+Z^2/20^2=1$"，得出"$X=9\times\sqrt{20^2-Z^2}/20$"。采用上述公式编程时，应注意椭圆曲线公式中的坐标值与工件坐标系中坐标值之间的转换。

宏程序编程时使用以下变量进行运算：

#101 椭圆曲线公式中的 Z 坐标值，初始值为 20；

#102 椭圆曲线公式中的 X 坐标值，初始值为 0；

#103 椭圆曲线在工件坐标系中的 Z 坐标值，其值为#101-45.0；

#104 椭圆曲线在工件坐标系中的 X 坐标值（直径量），其值为#102×2+20。

14.3.2 椭圆零件加工典型案例 2 的工艺分析及数据计算

1. 工艺分析

（1）通过对图 14-2 的分析，选用毛坯为 φ30 mm×100 mm 的棒料，材料为 45 钢。

（2）通过对图 14-2 的分析，确定该工件在加工时需采用调头方式加工，首先加工工件左端部分，再调头加工工件右端部分，并保证总长尺寸。

（3）首先以毛坯轴线和右端面为定位基准，用普通车床加工毛坯左端 φ10 mm×10 mm 和 φ20 mm×15 mm 圆柱面。再调头用软爪加持 φ10 mm 圆柱面，并以 φ20 mm 圆柱端面为定位面，在数控车床上加工椭圆曲线。两次都使用三爪卡盘自定心夹紧的方式装夹。

（4）编程原点确定：如图 14-2 所示，加工工件右端时，以完成加工后的工件右端面回转中心作为编程原点。

2. 制定工艺方案

（1）采用圆弧代替椭圆粗车工件右端外轮廓（加工程序略）。

（2）采用圆弧代替椭圆精车工件右端外轮廓（加工程序略）。

（3）采用宏程序精加工椭圆曲面。

3. 选择刀具及切削用量

采用 1 号外圆车刀精加工椭圆曲面，主轴转速为 1 200 r/min，进给量为 0.1 mm/r。

宏程序指令一般用于精加工，其加工余量不能太大，通常在精加工之前要进行去除余量的粗加工，粗加工时椭圆曲线可用圆弧拟合（加工程序略）。

4. 数据计算

如图 14-2 所示，该椭圆的方程为"$X^2/12.5^2+(Z+25)^2/25^2=1$"，该椭圆的参数方程表达式为"$X=12.5\sin\alpha, Z=25\cos\alpha-25$"，椭圆上各点坐标分别是（$12.5\sin\alpha, 25\cos\alpha-25$），坐标值随离心角 α 的变化而变化，而离心角 α 又随极角 β 的变化而变化。角度 α 是自变量，每次角度增量为 0.1°，而坐标值 X 和 Z 是因变量。该椭圆离心角 α 的终止角度不等于图样上已知的椭圆极角角度 146.3°，经换算该椭圆离心角 α 的终止角度应为 126.86°。

编写程序时，使用以下变量进行操作运算：

#1：椭圆 X 向半轴 A 的长度；

#2：椭圆 Z 向半轴 B 的长度；

#3：椭圆离心角起始角度；

#4：标准参数方程表达式中椭圆各点 X 坐标，$a\sin\alpha$；

#5：标准参数方程表达式中椭圆各点 Z 坐标，$b\cos\alpha$；

#6：椭圆上各点在工件坐标系中的 X 坐标；

#7：椭圆离心角的终止角度；

#8：椭圆上各点在工件坐标系中的 Z 坐标；

#9：进给速度。

14.3.3 典型案例 3 数控铣床加工零件上均布的 20 mm 孔

1. 工艺分析

该工件材料为 45 钢，切削性能较好，孔直径尺寸精度不高，可以一次完成钻削加工。孔的位置没有特别要求，可以按照图纸的基本尺寸进行编程。工件坐标系确定得是否合适，对编程和加工有着十分重要的影响。本例将工件的上表面中心点作为工件坐标系的原点。

2. 加工方案及刀具选择

工件上要加工的孔共 20 个，先钻削环形分布的 8 个孔，钻完第 1 个孔后刀具退到孔上方 1 mm 处，再快速定位到第 2 个孔上方，钻削第 2 个孔，直到 8 个孔全部钻完。然后将刀具快速定位到右上方第 1 个孔的上方，钻完一个孔后刀具退到这个孔上方 1 mm 处，再快速定位到第 2 个孔上方，钻削第 2 个孔，直到 20 个孔全部钻完。先用高速中心钻钻定位，再使用 ϕ12 mm 的高速麻花钻进行钻孔。

3. 零件的装夹及夹具的选择

工件毛坯在工作台上的安装方式主要根据工件毛坯的尺寸和形状、生产批量的大小等因素来决定，一般大批量生产时考虑使用专用夹具，小批量或单件生产时使用通用夹具，如平口钳等，如果毛坯尺寸较大也可以直接装夹在工作台上。本例中的毛坯外形为圆，可以考虑使用铣床用三抓卡盘装夹，同时在毛坯下方的适当位置放置垫块。

14.4 程序编制

14.4.1 典型案例1程序的编制

典型案例1工件右端加工程序编制见表14-5。

表14-5 典型案例1工件右端加工程序

程　序	说　明
O0051	程序号
G99 G21 G40;	程序开始部分
T0101;	
M03 S800;	
G00 X100.0 Z100.0 M08;	
X52.0 Z2.0;	
G71 U1.5 R0.5;	采用外径粗车循环加工工件右端外轮廓
G71 P100 Q200 U0.5 W0.0 F0.2;	
N100 G00 X15.8 S1500 F0.05;	精加工轮廓描述，程序段中的F和S为精加工时的F和S值
G01 X0;	
X19.8 Z-2.0;	
Z-18.0;	
X20.0;	
Z-24.5;	
G03 X31.6 Z-28.2 R6.39;	
G03 X39.0 Z-45.0 R39.95;	
G01 Z-60.0;	
N200 X52.0;	
G70 P100 Q200;	精加工右端轮廓
G00 X100.0 Z100.0;	换切槽车刀
T0202 S600;	
G00 X22.0 Z-17.0;	切槽刀定位
G75 R0.5;	加工退刀槽
G75 X16.0 Z-18.0 P1500 Q1000 F0.1;	
G00 X100.0 Z100.0;	换螺纹车刀
T0303 S600 ;	
G00 X22.0 Z2.0;	
G76 P020560 Q50 R0.05;	加工螺纹
G76 X18.05 Z-16.0 P975 Q400 F1.5;	
G00 X100.0 Z100.0;	换精加工外圆刀
T0101 S1500;	
G00 X52.0 Z-24.5;	精加工外圆刀具定位
G42 G01 X20.0 F0.1;	
#101=20.0;	椭圆曲线公式中的Z坐标值

续表

程　　序	说　　明
N100 #102=9.0*SQRT[400.0−#101* #101]/20.0;	椭圆曲线公式中的 X 坐标值
#103=#101−45.0;	椭圆曲线在工件坐标系中的 Z 坐标值
#104=#102*2.0+20;	椭圆曲线在工件坐标系中的 X 坐标值
G01 X#104 Z#103 F0.1;	加工椭圆曲面轮廓
#101=#101−0.1;	Z 坐标增量为−0.1
IF[#101 GE 0] GOTO 100;	条件判断
G01 Z−60.0;	加工圆柱面
X52.0;	
G40 G00 X100.0 Z100.0;	
M05 M09;	程序结束部分
M30;	

14.4.2　典型案例 2 程序的编制

（1）典型案例 2 工件右端加工主程序编制见表 14−6。

表 14−6　典型案例 2 工件右端加工主程序

程　　序	说　　明
O0500;	主程序号
G99 G21 G40;	
T0101;	精加工外圆车刀
M03 S1200;	主轴转速为 1 200 r/min
G00 X100.0 Z100.0 M08;	
G00 X0.0 Z5.0;	刀具定位
G65 P0201 A12.5 B25.0 C0.0 D126.86 F0.1;	调用宏程序 O0201，并进行变量赋值。 #1=12.5，　#2=25.0，　#3=0.0　#7=126.86，#9=0.1
G02 X20.0 Z−70.0 R40.0;	加工 R40.0 mm 圆弧轮廓
G01 Z−75.0;	加工 ϕ20 mm 圆柱面
G00 X100.0 Z100.0;	
M05 M09;	程序结束部分
M30;	

（2）典型案例 2 精加工椭圆曲面宏程序编制见表 14−7。

表 14−7　典型案例 2 精加工椭圆曲面宏程序

程　　序	说　　明
O0201	宏程序号
N10 #4=#1*SIN[#3];	标准参数方程中椭圆各点的 X 坐标
N20 #5=#2*COS[#3];	标准参数方程中椭圆各点的 Z 坐标
N30 #6=#4*2;	工件坐标系中椭圆各点的 X 坐标

续表

程　序	说　明
N40 #8=#5-#2;	工件坐标系中椭圆各点的 Z 坐标
N50 G01 X#6 Z#8 F#9;	加工椭圆轮廓
N60 #3=#3+0.01;	椭圆离心角的角度增量为 0.01°
N70 IF [#3 LE #7] GOTO 10;	条件判断
N80 M99;	宏程序结束，返回主程序

14.4.3　典型案例 3 程序的编制

典型案例 3 数控铣床加工零件上均布的 20 个孔的程序编制见表 14-8 和表 14-9。

表 14-8　典型案例 3 铣床上数加工零件上均布的 20 mm 孔

程　序	说　明
O1000	主程序号
G91 G28 Z0;	返回参考点
M06 T1;	换中心钻
G54 G90 G0 G17 G40;	
G43 Z50 H1 M03 M07 S1000;	主轴转速，刀具长度补偿
G65 P9023 X0 Y0 A0 B45 I50 K8 R2 Z-3 Q0 F60;	宏程序调用和参数赋值
G65 P9023 X0 Y0 A0 B30 I80 K12 R2 Z-3 Q0 F60;	宏程序调用和参数赋值
G0 G49 Z120 M05 M09;	加工完退刀
G91 G28 Z0;	返回
M06 T2;	换 ϕ12 麻花钻
G43 Z50 H2 M03 M07 S800;	加刀补，主轴转速 800 r/min
G65 P9023 X0 Y0 A0 B45 I50 K8 R2 Z-22 Q2 F60;	宏程序调用和参数赋值
G65 P9023 X0 Y0 A0 B30 I80 K12 R2 Z-42 Q2 F60;	宏程序调用和参数赋值
G0 G49 Z100 M05 M09;	加工完退刀
G91 G28 Z0;	返回
M30;	

宏程序调用参数说明：

　　X(#24)　Y(#25)：阵列中心位置；

　　A(#1)：起始角度；

　　B(#2)：角度增量(孔间夹角)；

　　I(#4)：分布圆半径；

　　K(#6)：孔数；

　　R(#18)：快速下刀高度；

Z(#26)：钻深；

Q(#17)：每次钻进量；

F(#9)：钻进速度。

表 14-9 宏程序

程　序	说　明
O9023	程序号
#10=1;	孔计数变量
WHILE [#10 LE #6] DO1	循环语句
#11=#24+#4*COS[#1];	孔位置 X 赋值
#12=#25+#4*SIN[#1];	孔位置 Y 赋值
G90 G0 X#11 Y#12;	定位孔位置
Z#18;	快速下刀
IF [#17 EQ 0] GOTO 10	转向语句
#14=#18-#17;	钻孔深度位置
WHILE [#14 GT #26] DO2	判断钻深并循环两次
G1 Z#14 F#9	进给钻孔
G0 Z[#14+2]	间歇退刀
Z[#14+1]	进刀
#14=#14-#17	钻深赋值
END2	循环结束
N10 G1 Z#26 F#9;	一次钻进/或补钻
G0 Z#18;	抬刀至快进点
#10=#10+1;	孔数加 1
#1=#1+#2;	孔分布角加角度增量
END1	结束循环
M99	

14.5 实 训 内 容

在 FANUC 0I Mate-TC 数控车床上加工如图 14-8 所示零件，设毛坯是 $\phi 60$ mm 的棒料，长度为 122 mm，材料为 45 钢。采用 CAD 绘图的方法分析基点坐标，得出的局部轮廓的基点坐标如图 14-9 所示，加工之前要进行去除余量的粗加工，粗加工时椭圆曲线可用圆弧拟合。要求用宏程序编程方法，编制数控加工程序并完成零件的加工。

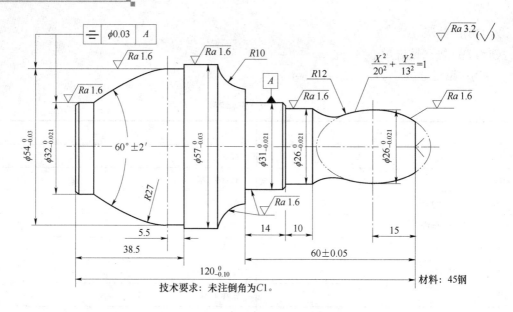

图 14-8 实训题图

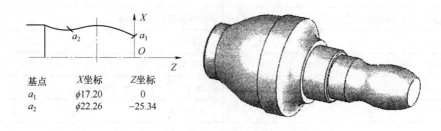

基点	X坐标	Z坐标
a_1	$\phi 17.20$	0
a_2	$\phi 22.26$	-25.34

图 14-9 局部轮廓及其基点坐标

14.6 自 测 题

1. 选择题（请将正确答案的序号填写在括号中）

（1）下列变量中，属于局部变量的是（ ）。
A. #10　　　　　　B. #100　　　　　　C. #500　　　　　　D. #1000

（2）下列字母中，能作为引数替变量赋值的字母是（ ）。
A. M　　　　　　　B. N　　　　　　　C. O　　　　　　　D. P

（3）通过指令"G65 P0030 A50.0 E40.0 J100.0 K0 J20.0；"引数赋值后，变量#8=（ ）。
A. 40.0　　　　　　B. 100.0　　　　　　C. 0　　　　　　　D. 20.0

（4）指令"#1=#2+#3*SIN[#4]；"中最先进行运算的是（ ）。
A. 等于号赋值　　　B. 加和减运算　　　C. 乘和除运算　　　D. 正弦函数

（5）指令"IF[#1 GE #100]GOTO 1000；"中的"GE"表示（ ）。
A. >　　　　　　　B. <　　　　　　　C. ≥　　　　　　　D. ≤

（6）B 类宏程序用于开平方根的字符是（　　）。
A. ROUND　　　　　B. SQRT　　　　　C. ABS　　　　　D. FIX

（7）下列指令中，属于宏程序模态调用的指令是（　　）。
A. G65　　　　　　B. G66　　　　　　C. G68　　　　　D. G69

（8）在宏程序中，设 #2=-1.3，若#3=FUP[#2]，则#3=（　　）。
A. 2.0　　　　　　B. 1.0　　　　　　C. -2.0　　　　D. -1.0

（9）下列变量在程序中书写有误的是（　　）
A. X-#100　　　　B. Y[#1+#2]　　　C. SIN[-#100]　　D. IF #100 LE 0

（10）对坐标计算中关于"基点""节点"的概念，下面说法错误的是（　　）。
A. 各相邻几何元素的交点或切点称为基点　　B. 各相邻几何元素的交点或切点称为节点
C. 逼近线段的交点称为节点　　　　　　　　D. 节点和基点是两个不同的概念

2. 判断题（请将判断结果填入括号中，正确的填"√"，错误的填"×"）

（1）在 FANUC 0I 数控车复合固定循环指令中能进行宏程序的调用。　　　　（　　）

（2）FANUC 0I 数控系统主程序和宏程序的程序名格式完全相同。　　　　　（　　）

（3）当宏程序 A 调用宏程序 B 而且都有变量#100 时，宏程序 A 中的#100 与宏程序 B 中的#100 是同一个变量。　　　　　　　　　　　　　　　　　　　　　　（　　）

（4）宏程序的格式类似于子程序的格式，以 M99 来结束宏程序，因此宏程序只能以子程序调用方法进行调用，即只能用 M98 进行调用。　　　　　　　　　　（　　）

（5）宏程序中变量可以用符号#和表达式进行表示，但其表达式必须全部封闭在圆括号"（　）"中。　　　　　　　　　　　　　　　　　　　　　　　　　　（　　）

（6）在宏程序中，不能采用刀具半径补偿进行编程。　　　　　　　　　　（　　）

（7）指令"G65 P1000 X100.0 Y30.0 Z20.0 F100.0；"中的 X、Y、Z 并不代表坐标功能，F 也不代表进给功能。　　　　　　　　　　　　　　　　　　　　　（　　）

（8）宏程序运算指令中函数 SIN、COS 等的角度单位是度，分和秒要换算成带小数点的度。　　　　　　　　　　　　　　　　　　　　　　　　　　　　　（　　）

（9）宏程序运算指令中，函数中的括号允许嵌套使用，但最多只允许嵌套五层。
　　　　　　　　　　　　　　　　　　　　　　　　　　　　　　　　　（　　）

（10）宏程序指令"WHILE［条件表达式］DO m；"中的"m"表示循环执行 WHILE 与 END 之间程序段的次数。　　　　　　　　　　　　　　　　　　　（　　）

附　　录

附录1　FANUC数控系统G代码、M代码功能表

附表1-1　G代码功能表

G代码	组别	用于数控车的功能	用于数控铣的功能	附注
G00	01	快速定位	快速定位	模态
G01		直线插补	直线插补	模态
G02		顺时针方向圆弧插补	顺时针方向圆弧插补	模态
G03		逆时针方向圆弧插补	逆时针方向圆弧插补	模态
G04	00	暂停	暂停	非模态
G10	00	数据设置	数据设置	模态
G11		数据设置取消	数据设置取消	模态
G17	16	XY平面选择	XY平面选择	模态
G18		XZ平面选择	XZ平面选择	模态
G19		YZ平面选择	YZ平面选择	模态
G20	06	英制	英制	模态
G21		米制	米制	模态
G22	09	行程检查开关打开	行程检查开关打开	模态
G23		行程检查开关关闭	行程检查开关关闭	模态
G25	08	主轴速度波动检查打开	主轴速度波动检查打开	模态
G26		主轴速度波动检查关闭	主轴速度波动检查关闭	模态
G27	00	参考点返回检查	参考点返回检查	非模态
G28		参考点返回	参考点返回	非模态
G30	00	第二参考点返回	—	非模态
G31	00	跳步功能	跳步功能	非模态
G32	01	螺纹切削	—	模态
G36	00	X向自动刀具补偿	—	非模态
G37		Z向自动刀具补偿	—	非模态
G40	07	刀尖补偿取消	刀具半径补偿取消	模态
G41		刀尖左补偿	刀具半径左补偿	模态
G42		刀尖右补偿	刀具半径右补偿	模态

续表

G 代码	组别	用于数控车的功能	用于数控铣的功能	附注
G43	17	—	刀具长度正补偿	模态
G44		—	刀具长度负补偿	模态
G49		—	刀长度补偿取消	模态
G50	00	工件坐标原点设置，最大主轴速度设置	指定缩放编程关	非模态
G51	00		指定缩放编程开	非模态
G52	00	局部坐标系设置	局部坐标系设置	非模态
G53	00	机床坐标系设置	机床坐标系设置	非模态
G54	14	第1工件坐标系设置	第1工件坐标系设置	模态
G55		第2工件坐标系设置	第2工件坐标系设置	模态
G56		第3工件坐标系设置	第3工件坐标系设置	模态
G57		第4工件坐标系设置	第4工件坐标系设置	模态
G58		第5工件坐标系设置	第5工件坐标系设置	模态
G59		第6工件坐标系设置	第6工件坐标系设置	模态
G65	00	宏程序调用	宏程序调用	非模态
G66	12	宏程序调用模态	宏程序调用模态	模态
G67		宏程序调用取消	宏程序调用取消	模态
G68	04	双刀架镜像打开	旋转编程功能开	非模态
G69		双刀架镜像关闭	旋转编程功能关	非模态
G70	01	精车循环	—	非模态
G71		外圆内孔粗车循环	—	非模态
G72		模型车循环	—	非模态
G73		端面粗车循环	高速深孔钻循环	非模态
G74		端面啄式钻孔循环	左旋攻螺纹循环	非模态
G75		内径外径啄式钻孔循环	—	非模态
G76		螺纹多重车削循环	精镗循环	非模态
G80		固定循环注销	固定循环注销	模态
G81		—	钻孔循环	模态
G82		—	钻孔循环	模态
G83		端面钻孔循环	深孔钻循环	模态
G84		端面攻螺纹循环	攻螺纹循环	模态
G85		—	粗镗循环	模态
G86		端面镗孔循环	镗孔循环	模态
G87		侧面钻孔循环	背镗孔循环	模态
G88		侧面攻螺纹循环	—	模态
G89		侧面镗孔循环	镗孔循环	模态

续表

G 代码	组别	用于数控车的功能	用于数控铣的功能	附注
G90	—	内径外径车削循环	绝对尺寸	模态
G91	—	—	增量尺寸	模态
G92	—	单次螺纹车削循环	工件坐标原点设置	
G94	01	端面车削循环	—	模态
G96	02	恒表面速度设置	—	模态
G97		恒表面速度设置	—	模态
G98	05	每分钟进给	—	模态
G99		每转进给	—	模态

附表 1–2　FANUC 数控系统 M 代码功能表

M 代码	用于数控车的功能	用于数控铣的功能	附注
M00	程序停止	程序停止	非模态
M01	程序计划停止	程序计划停止	非模态
M02	程序结束	程序结束	非模态
M03	主轴顺时针旋转	主轴顺时针旋转	模态
M04	主轴逆时针旋转	主轴逆时针旋转	模态
M05	主轴停止	主轴停止	模态
M06		换刀	非模态
M07		1 号切削液开	模态
M08	切削液开	2 号切削液开	模态
M09	切削液关	切削液关	模态
M10	接料器前进	—	模态
M11	接料器退回	—	模态
M13	1 号压缩空气吹管打开	—	模态
M14	2 号压缩空气吹管打开	—	模态
M15	压缩空气吹管关闭		模态
M17	2 轴变换		模态
M18	3 轴变换		模态
M19	主轴定向		模态
M20	自动上料器工作		模态
M30	程序结束并返回	程序结束并返回	非模态
M31	互锁旁路	互锁旁路	非模态
M38	右中心架夹紧		模态
M39	右中心架送开	—	模态
M50	棒料传送器夹紧并送进		模态

续表

M 代码	用于数控车的功能	用于数控铣的功能	附注
M51	棒料传送器松开并退回	—	模态
M52	自动门打开	自动门打开	模态
M53	自动门关闭	自动门关闭	模态
M58	左中心架夹紧	—	模态
M59	左中心架松开	—	模态
M68	液压卡盘夹紧	—	模态
M69	液压卡盘松开	—	模态
M74	错误检测功能打开	错误检测功能打开	模态
M75	错误检测功能关闭	错误检测功能关闭	模态
M78	尾架套管送进	—	模态
M79	尾架套管退回	—	模态
M98	主轴低压夹紧	—	模态
M99	主轴高压夹紧	—	模态
M90	主轴松开	—	模态
M98	子程序调用	子程序调用	模态
M99	子程序调用返回	子程序调用返回	模态

附录 2　华中数控系统 G 代码功能表

附表 2-1　华中数控铣 G 代码功能表

G 代码	组别	功　能	参数（后续地址符）
G00	01	快速定位	X、Y、Z、4TH
* G01		直线插补	X、Y、Z、4TH
G02		顺时针方向圆弧插补	X、Y、Z、I、J、K、R
G03		逆时针方向圆弧插补	X、Y、Z、I、J、K、R
G04	00	暂停	P
G07	16	虚轴指定	X、Y、Z、4TH
G09	00	准停校验	
* G17	02	XY 平面选择	X、Y
G18		XZ 平面选择	X、Z
G19		YZ 平面选择	Y、Z

续表

G 代码	组别	功　能	参数（后续地址符）
G20	08	英寸输入	
*G21		毫米输入	
G22		脉冲当量	
G24	03	镜像编程开	X、Y、Z、4TH
*G25		镜像编程关	
G28	00	返回参考点	X、Y、Z、4TH
G29		由参考点返回	X、Y、Z、4TH
G34	01	攻螺纹	K、F、P
G38	00	极坐标编程	X、Y、Z
*G40	09	刀具半径补偿取消	
G41		刀具半径左补偿	D
G42		刀具半径右补偿	D
G43	10	刀具长度正补偿	H
G44		刀具长度负补偿	H
*G49		刀具长度补偿取消	
*G50	04	缩放编程关	
G51		缩放编程开	X、Y、Z、P
G53	00	直接机床坐标系编程	X、Y、Z
*G54	11	第1工件坐标系选择	
G55		第2工件坐标系选择	
G56		第3工件坐标系选择	
G57	11	第4工件坐标系选择	
G58		第5工件坐标系选择	
G59		第6工件坐标系选择	
G60	00	单方向定位	X、Y、Z、4TH
*G61	12	精确停止校验方式	
G64		连续方式	
G68	05	旋转变换编程开	X、Y、Z、P
*G69		旋转变换编程关	
G73	06	高速深孔钻循环	X、Y、Z、P、Q、R、I、J、K
G74		逆旋攻螺纹循环	X、Y、Z、P、Q、R、I、J、K
G76		精镗循环	X、Y、Z、P、Q、R、I、J、K
*G80		固定循环注销	X、Y、Z、P、Q、R、I、J、K
G81		定心钻循环	X、Y、Z、P、Q、R、I、J、K
G82		钻孔循环	X、Y、Z、P、Q、R、I、J、K

续表

G 代码	组别	功　能	参数（后续地址符）
G83	06	深孔钻循环	X、Y、Z、P、Q、R、I、J、K
G84		攻螺纹循环	X、Y、Z、P、Q、R、I、J、K
G85		粗镗循环	X、Y、Z、P、Q、R、I、J、K
G86		镗孔循环	X、Y、Z、P、Q、R、I、J、K
G87		反镗孔循环	X、Y、Z、P、Q、R、I、J、K
G88		镗孔循环	X、Y、Z、P、Q、R、I、J、K
G89		镗孔循环	X、Y、Z、P、Q、R、I、J、K
* G90	13	绝对尺寸编程	
G91		增量尺寸编程	
G92	00	工件坐标原点设置	X、Y、Z、4TH
* G94	14	每分钟进给	
G95		每转进给	
* G98	15	固定循环返回到起始点	
G99		固定循环返回到 R 点	

注：1. 4TH 指 X、Y、Z 轴之外的第四轴，可用 A、B、C 等命名。
　　2. 标*者为模态代码的默认值。
　　3. 00 组中的 G 代码是非模态的，其他组的 G 代码是模态的。

附表 2-2　华中数控车 G 代码功能

G 代码	组别	功　能	参数（后续地址符）
G00	01	快速定位	X、Z
* G01		直线插补	X、Z
G02		顺时针方向圆弧插补	X、Z、I、K、R
G03		逆时针方向圆弧插补	X、Z、I、K、R
G04	00	暂停	P
G20	08	英寸输入	
* G21		毫米输入	
G28	00	返回参考点	X、Z、4TH
G29		由参考点返回	X、Z、4TH
G32	01	车削螺纹	X、Z、R、E、P、F
* G36	17	直径编程	
G37		半径编程	
* G40	09	刀具半径补偿取消	
G41		刀具半径左补偿	D
G42		刀具半径右补偿	D
G53	00	直接机床坐标系编程	X、Z

续表

G代码	组别	功能	参数（后续地址符）
*G54	11	第1工件坐标系选择	X、Z
G55		第2工件坐标系选择	X、Z
G56		第3工件坐标系选择	X、Z
G57		第4工件坐标系选择	X、Z
G58		第5工件坐标系选择	X、Z
G59		第6工件坐标系选择	X、Z
G71	06	内/外径粗车复合循环	X、Z、U、W、C、P、Q、R、E
G72		端面车削复合循环	
G73		闭环车削复合循环	
G76		螺纹切削复合循环	
*G80	06	内/外径单一车削循环	X、Z、I、K、C、P、R、E
G81		端面车削单一循环	
G82		螺纹车削单一循环	
*G90	13	绝对值编程	
G91		相对值编程	
G92	00	工件坐标系设定	X、Z
*G94	14	每分钟进给	
G95		每转进给	
G96	16	恒线速度切削控制	S
*G97		取消恒线速度切削	

注：1. 标*者为模态代码的默认值。
　　2. 00组中的G代码是非模态的，其他组的G代码是模态的。

附录3　数控铣床操作工国家职业标准

附表3–1　数控铣中级工工作要求

职业功能	工作内容	技能要求	相关知识
一、加工准备	（一）读图与绘图	1. 能读懂中等复杂程度（如：凸轮、壳体、板状、支架）的零件图； 2. 能绘制有沟槽、台阶、斜面、曲面的简单零件图； 3. 能读懂分度头尾架、弹簧夹头套筒、可转位铣刀结构等简单机构装配图	1. 复杂零件的表达方法； 2. 简单零件图的画法； 3. 零件三视图、局部视图和剖视图的画法
	（二）制定加工工艺	1. 能读懂复杂零件的铣削加工工艺文件； 2. 能编制由直线、圆弧等构成的二维轮廓零件的铣削加工工艺文件	1. 数控加工工艺知识； 2. 数控加工工艺文件的制定方法

续表

职业功能	工作内容	技能要求	相关知识
一、加工准备	（三）零件定位与装夹	1. 能使用铣削加工常用夹具（如压板、虎钳、平口钳等）装夹零件； 2. 能够选择定位基准，并找正零件	1. 常用夹具的使用方法； 2. 定位与夹紧的原理和方法； 3. 零件找正的方法
	（四）刀具准备	1. 能够根据数控加工工艺文件选择、安装和调整数控铣床常用刀具； 2. 能根据数控铣床特性、零件材料、加工精度、工作效率等选择刀具和刀具几何参数，并确定数控加工需要的切削参数和切削用量； 3. 能够利用数控铣床的功能，借助通用量具或对刀仪测量刀具的半径及长度； 4. 能选择、安装和使用刀柄； 5. 能够刃磨常用刀具	1. 金属切削与刀具磨损知识； 2. 数控铣床常用刀具的种类、结构、材料和特点； 3. 数控铣床、零件材料、加工精度和工作效率对刀具的要求； 4. 刀具长度补偿、半径补偿等刀具参数的设置知识； 5. 刀柄的分类和使用方法； 6. 刀具刃磨的方法
二、数控编程	（一）手工编程	1. 能编制由直线、圆弧组成的二维轮廓数控加工程序； 2. 能够运用固定循环、子程序进行零件的加工程序编制	1. 数控编程知识； 2. 直线插补和圆弧插补的原理； 3. 节点的计算方法
	（二）计算机辅助编程	1. 能够使用 CAD/CAM 软件绘制简单零件图； 2. 能够利用 CAD/CAM 软件完成简单平面轮廓的铣削程序	1. CAD/CAM 软件的使用方法； 2. 平面轮廓的绘图与加工代码生成方法
三、数控铣床操作	（一）操作面板	1. 能够按照操作规程启动及停止机床； 2. 能使用操作面板上的常用功能键（如回零、手动、MDI、修调等）	1. 数控铣床操作说明书； 2. 数控铣床操作面板的使用方法
	（二）程序输入与编辑	1. 能够通过各种途径（如 DNC、网络）输入加工程序； 2. 能够通过操作面板输入和编辑加工程序	1. 数控加工程序的输入方法； 2. 数控加工程序的编辑方法
	（三）对刀	1. 能进行对刀并确定相关坐标系； 2. 能设置刀具参数	1. 对刀的方法； 2. 坐标系的知识； 3. 建立刀具参数表或文件的方法
	（四）程序调试与运行	能够进行程序检验、单步执行、空运行并完成零件试切	程序调试的方法
	（五）参数设置	能够通过操作面板输入有关参数	数控系统中相关参数的输入方法
四、零件加工	（一）平面加工	能够运用数控加工程序进行平面、垂直面、斜面和阶梯面等的铣削加工，并达到如下要求： (1) 尺寸公差等级达 IT7； (2) 形位公差等级达 IT8； (3) 表面粗糙度达 $Ra3.2\ \mu m$	1. 平面铣削的基本知识； 2. 刀具端刃的切削特点
	（二）轮廓加工	能够运用数控加工程序进行由直线、圆弧组成的平面轮廓铣削加工，并达到如下要求： (1) 尺寸公差等级达 IT8； (2) 形位公差等级达 IT8； (3) 表面粗糙度达 $Ra3.2\ \mu m$	1. 平面轮廓铣削的基本知识； 2. 刀具侧刃的切削特点

续表

职业功能	工作内容	技能要求	相关知识
四、零件加工	（三）曲面加工	能够运用数控加工程序进行圆锥面、圆柱面等简单曲面的铣削加工，并达到如下要求： （1）尺寸公差等级达 IT8； （2）形位公差等级达 IT8； （3）表面粗糙度达 $Ra3.2\ \mu m$	1. 曲面铣削的基本知识； 2. 球头刀具的切削特点
	（四）孔类加工	能够运用数控加工程序进行孔加工，并达到如下要求： （1）尺寸公差等级达 IT7； （2）形位公差等级达 IT8； （3）表面粗糙度达 $Ra3.2\ \mu m$	麻花钻、扩孔钻、丝锥、镗刀及铰刀的加工方法
	（五）槽类加工	能够运用数控加工程序进行槽、键槽的加工，并达到如下要求： （1）尺寸公差等级达 IT8； （2）形位公差等级达 IT8； （3）表面粗糙度达 $Ra3.2\ \mu m$	槽、键槽的加工方法
	（六）精度检验	能够使用常用量具进行零件的精度检验	1. 常用量具的使用方法； 2. 零件精度检验及测量方法
五、维护与故障诊断	（一）机床日常维护	能够根据说明书完成数控铣床的定期及不定期维护保养，包括：机械、电气、液压、数控系统检查和日常保养等	1. 数控铣床说明书； 2. 数控铣床日常保养方法； 3. 数控铣床操作规程； 4. 数控系统（进口、国产数控系统）说明书
	（二）机床故障诊断	1. 能读懂数控系统的报警信息； 2. 能发现数控铣床的一般故障	1. 数控系统的报警信息； 2. 机床的故障诊断方法
	（三）机床精度检查	能进行机床水平的检查	1. 水平仪的使用方法； 2. 机床垫铁的调整方法

附表 3-2 数控铣高级工工作要求

职业功能	工作内容	技能要求	相关知识
一、加工准备	（一）读图与绘图	1. 能读懂装配图并拆画零件图； 2. 能够测绘零件； 3. 能够读懂数控铣床主轴系统、进给系统的机构装配图	1. 根据装配图拆画零件图的方法； 2. 零件的测绘方法； 3. 数控铣床主轴与进给系统基本构造知识
	（二）制定加工工艺	能编制二维、简单三维曲面零件的铣削加工工艺文件	复杂零件数控加工工艺的制定
	（三）零件定位与装夹	1. 能选择和使用组合夹具与专用夹具； 2. 能选择和使用专用夹具装夹异形零件； 3. 能分析并计算夹具的定位误差； 4. 能够设计与自制装夹辅具（如轴套、定位件等）	1. 数控铣床组合夹具和专用夹具的使用、调整方法； 2. 专用夹具的使用方法； 3. 夹具定位误差的分析与计算方法； 4. 装夹辅具的设计与制造方法
	（四）刀具准备	1. 能够选用专用工具（刀具和其他）； 2. 能根据难加工材料的特点，选择刀具的材料、结构和几何参数	1. 专用刀具的种类、用途、特点和刃磨方法； 2. 切削难加工材料时的刀具材料和几何参数的确定方法

续表

职业功能	工作内容	技能要求	相关知识
二、数控编程	（一）手工编程	1. 能够编制较复杂的二维轮廓铣削程序； 2. 能够根据加工要求编制二次曲面的铣削程序； 3. 能够运用固定循环、子程序进行零件的加工程序编制； 4. 能够进行变量编程	1. 较复杂二维节点的计算方法； 2. 二次曲面几何体外轮廓节点的计算； 3. 固定循环和子程序的编程方法； 4. 变量编程的规则和方法
二、数控编程	（二）计算机辅助编程	1. 能够利用 CAD/CAM 软件进行中等复杂程度的实体造型（含曲面造型）； 2. 能够生成平面轮廓、平面区域、三维曲面、曲面轮廓、曲面区域、曲线的刀具轨迹； 3. 能进行刀具参数的设定； 4. 能进行加工参数的设置； 5. 能确定刀具的切入、切出位置与轨迹； 6. 能够编辑刀具轨迹； 7. 能够根据不同的数控系统生成 G 代码	1. 实体造型的方法； 2. 曲面造型的方法； 3. 刀具参数的设置方法； 4. 刀具轨迹生成的方法； 5. 各种材料切削用量的数据； 6. 有关刀具切入、切出方法对加工质量影响的知识； 7. 轨迹编辑的方法； 8. 后置处理程序的设置和使用方法
二、数控编程	（三）数控加工仿真	能利用数控加工仿真软件实施加工过程仿真、加工代码检查与干涉检查	数控加工仿真软件的使用方法
三、数控铣床操作	（一）程序调试与运行	能够在机床中断加工后正确恢复加工	程序的中断与恢复加工的方法
三、数控铣床操作	（二）参数设置	能够依据零件特点设置相关参数进行加工	数控系统参数设置方法
四、零件加工	（一）平面铣削	能够编制数控加工程序铣削平面、垂直面、斜面和阶梯面等，达到如下要求： （1）尺寸公差等级达 IT7； （2）形位公差等级达 IT8； （3）表面粗糙度达 $Ra3.2\ \mu m$	1. 平面铣削精度控制方法； 2. 刀具端刃几何形状的选择方法
四、零件加工	（二）轮廓加工	能够编制数控加工程序铣削较复杂的（如凸轮）平面轮廓，并达到如下要求： （1）尺寸公差等级达 IT8； （2）形位公差等级达 IT8； （3）表面粗糙度达 $Ra3.2\ \mu m$	1. 平面轮廓铣削的精度控制方法； 2. 刀具侧刃几何形状的选择方法
四、零件加工	（三）曲面加工	能够编制数控加工程序铣削二次曲面，并达到如下要求： （1）尺寸公差等级达 IT8； （2）形位公差等级达 IT8； （3）表面粗糙度达 $Ra3.2\ \mu m$	1. 二次曲面的计算方法； 2. 刀具影响曲面加工精度的因素以及控制方法
四、零件加工	（四）孔系加工	能够编制数控加工程序对孔系进行切削加工，并达到如下要求： （1）尺寸公差等级达 IT7； （2）形位公差等级达 IT8； （3）表面粗糙度达 $Ra3.2\ \mu m$	麻花钻、扩孔钻、丝锥、镗刀及铰刀的加工方法
四、零件加工	（五）深槽加工	能够编制数控加工程序进行深槽、三维槽的加工，并达到如下要求： （1）尺寸公差等级达 IT8； （2）形位公差等级达 IT8； （3）表面粗糙度达 $Ra3.2\ \mu m$	深槽、三维槽的加工方法
四、零件加工	（六）配合件加工	能够编制数控加工程序进行配合件加工，尺寸配合公差等级达 IT8	1. 配合件的加工方法； 2. 尺寸链换算的方法

续表

职业功能	工作内容	技能要求	相关知识
四、零件加工	（七）精度检验	1. 能够利用数控系统的功能使用百（千）分表测量零件的精度； 2. 能对复杂、异形零件进行精度检验； 3. 能够根据测量结果分析产生误差的原因； 4. 能够通过修正刀具补偿值和修正程序来减少加工误差	1. 复杂、异形零件的精度检验方法； 2. 产生加工误差的主要原因及其消除方法
五、维护与故障诊断	（一）日常维护	能完成数控铣床的定期维护	数控铣床定期维护手册
	（二）故障诊断	能排除数控铣床的常见机械故障	机床的常见机械故障诊断方法
	（三）机床精度检验	能协助检验机床的各种出厂精度	机床精度的基本知识

附录4 数控车床操作工国家职业标准

附表4-1 数控车中级工工作要求

职业功能	工作内容	技能要求	相关知识
一、加工准备	（一）读图与绘图	1. 能读懂中等复杂程度（如：曲轴）的零件图； 2. 能绘制简单的轴、盘类零件图； 3. 能读懂进给机构、主轴系统的装配图	1. 复杂零件的表达方法； 2. 简单零件图的画法； 3. 零件三视图、局部视图和剖视图的画法； 4. 装配图的画法
	（二）制定加工工艺	1. 能读懂复杂零件的数控车床加工工艺文件； 2. 能编制简单（轴盘）零件的数控车床加工工艺文件	数控车床加工工艺文件的制定
	（三）零件定位与装夹	能使用通用夹具（如三爪自定心卡盘、四爪单动卡盘）进行零件装夹与定位	1. 数控车床常用夹具的使用方法； 2. 零件定位、装夹的原理和方法
	（四）刀具准备	1. 能根据数控车床加工工艺文件选择、安装和调整数控车床常用刀具； 2. 能刃磨常用车削刀具	1. 金属切削与刀具磨损知识； 2. 数控车床常用刀具的种类、结构和特点； 3. 数控车床、零件材料、加工精度和工作效率对刀具的要求
二、数控编程	（一）手工编程	1. 能编制由直线、圆弧组成的二维轮廓数控加工程序； 2. 能编制螺纹加工程序； 3. 能运用固定循环、子程序进行零件的加工程序编制	1. 数控编程知识； 2. 直线插补和圆弧插补的原理； 3. 坐标点的计算方法
	（二）计算机辅助编程	1. 能使用计算机绘图设计软件绘制简单（轴、盘、套）零件图； 2. 能利用计算机绘图软件计算节点	计算机绘图软件（二维）的使用方法
三、数控车床操作	（一）操作面板	1. 能按照操作规程启动及停止机床； 2. 能使用操作面板上的常用功能键（如回零、手动、MDI、修调等）	1. 熟悉数控车床操作说明书； 2. 数控车床操作面板的使用方法
	（二）程序输入与编辑	1. 能通过各种途径（如DNC、网络等）输入加工程序； 2. 能通过操作面板编辑加工程序	1. 数控加工程序的输入方法； 2. 数控加工程序的编辑方法； 3. 网络知识

续表

职业功能	工作内容	技能要求	相关知识
三、数控车床操作	（三）对刀	1. 能进行对刀并确定相关坐标系； 2. 能设置刀具参数	1. 对刀的方法； 2. 坐标系的知识； 3. 刀具偏置补偿、半径补偿与刀具参数的输入方法
	（四）程序调试与运行	能够对程序进行校验、单步执行、空运行并完成零件试切	程序调试的方法
四、零件加工	（一）轮廓加工	1. 能进行轴、套类零件加工，并达到以下要求： （1）尺寸公差等级：IT6； （2）形位公差等级：IT8； （3）表面粗糙度：$Ra1.6\ \mu m$。 2. 能进行盘类、支架类零件加工，并达到以下要求： （1）轴径公差等级：IT6； （2）孔径公差等级：IT7； （3）形位公差等级：IT8； （4）表面粗糙度：$Ra1.6\ \mu m$	1. 内外径的车削加工方法、测量方法； 2. 形位公差的测量方法； 3. 表面粗糙度的测量方法
	（二）螺纹加工	能进行单线等节距普通三角螺纹、锥螺纹的加工，并达到以下要求： （1）尺寸公差等级：IT6～IT7； （2）形位公差等级：IT8； （3）表面粗糙度：$Ra1.6\ \mu m$	1. 常用螺纹的车削加工方法； 2. 螺纹加工中的参数计算
	（三）槽类加工	能进行内径槽、外径槽和端面槽的加工，并达到以下要求： （1）尺寸公差等级：IT8； （2）形位公差等级：IT8； （3）表面粗糙度：$Ra3.2\ \mu m$	内径槽、外径槽和端槽的加工方法
	（四）孔加工	能进行孔加工，并达到以下要求： （1）尺寸公差等级：IT7； （2）形位公差等级：IT8； （3）表面粗糙度：$Ra3.2\ \mu m$	孔的加工方法
	（五）零件精度检验	能进行零件的长度、内径、外径、螺纹、角度精度检验	1. 通用量具的使用方法； 2. 零件精度检验及测量方法
五、数控车床维护和故障诊断	（一）数控车床日常维护	能根据说明书完成数控车床的定期及不定期维护保养，包括：机械、电气、液压、冷却数控系统检查和日常保养等	1. 数控车床说明书； 2. 数控车床日常保养方法； 3. 数控车床操作规程； 4. 数控系统（进口与国产数控系统）使用说明书
	（二）数控车床故障诊断	1. 能读懂数控系统的报警信息； 2. 能发现并排除由数控程序引起的数控车床的一般故障	1. 使用数控系统报警信息表的方法； 2. 数控机床的编程和操作故障诊断方法
	（三）数控车床精度检查	能进行数控车床水平的检查	1. 水平仪的使用方法； 2. 机床垫铁的调整方法

附表 4–2　数控车高级工工作要求

职业功能	工作内容	技能要求	相关知识
一、加工准备	（一）读图与绘图	1. 能读懂中等复杂程度（如刀架）的装配图； 2. 能根据装配图拆画零件图； 3. 能测绘零件	1. 根据装配图拆画零件图的方法； 2. 零件的测绘方法
	（二）制定加工工艺	能编制复杂零件的数控车床加工工艺文件	复杂零件数控车床的加工工艺文件的制定
	（三）零件定位与装夹	1. 能选择和使用数控车床组合夹具与专用夹具； 2. 能分析并计算车床夹具的定位误差； 3. 能设计与自制装夹辅具（如心轴、轴套、定位件等）	1. 数控车床组合夹具和专用夹具的使用、调整方法； 2. 专用夹具的使用方法； 3. 夹具定位误差的分析与计算方法
	（四）刀具准备	1. 能选择各种刀具及刀具附件； 2. 能根据难加工材料的特点，选择刀具的材料、结构和几何参数； 3. 能刃磨特殊车削刀具	1. 专用刀具的种类、用途、特点和刃磨方法； 2. 切削难加工材料时的刀具材料和几何参数的确定方法
二、数控编程	（一）手工编程	能运用变量编程编制含有公式曲线的零件数控加工程序	1. 固定循环和子程序的编程方法； 2. 变量编程的规则和方法
	（二）计算机辅助编程	能用计算机绘图软件绘制装配图	计算机绘图软件的使用方法
	（三）数控加工仿真	能利用数控加工仿真软件实施加工过程仿真以及加工代码检查、干涉检查、工时估算	数控加工仿真软件的使用方法
三、零件加工	（一）轮廓加工	能进行细长、薄壁零件加工，并达到以下要求： （1）轴径公差等级：IT6； （2）孔径公差等级：IT7； （3）形位公差等级：IT8； （4）表面粗糙度：$Ra1.6\ \mu m$	细长、薄壁零件加工的特点及装夹、车削方法
	（二）螺纹加工	1. 能进行单线和多线等节距的 T 形螺纹、锥螺纹加工，并达到以下要求： （1）尺寸公差等级：IT6； （2）形位公差等级：IT8； （3）表面粗糙度：$Ra1.6\ \mu m$。 2. 能进行变节距螺纹的加工，并达到以下要求： （1）尺寸公差等级：IT6； （2）形位公差等级：IT7； （3）表面粗糙度：$Ra1.6\ \mu m$	1. T 形螺纹、锥螺纹加工中的参数计算； 2. 变节距螺纹的车削加工方法
	（三）孔加工	能进行深孔加工，并达到以下要求： （1）尺寸公差等级：IT6； （2）形位公差等级：IT8； （3）表面粗糙度：$Ra1.6\ \mu m$	深孔的加工方法
	（四）配合件加工	能按装配图上的技术要求对套件进行零件加工和组装，配合全差达到IT7	套件的加工方法
	（五）零件精度检验	1. 能在加工过程中使用百分表、千分表等进行在线测量，并进行加工技术参数的调整； 2. 能够进行多线螺纹的检验； 3. 能进行加工误差分析	1. 百分表、千分表的使用方法； 2. 多线螺纹的精度检验方法； 3. 误差分析的方法

续表

职业功能	工作内容	技能要求	相关知识
四、数控车床维护与精度检验	（一）数控车床日常维护	1. 能制定数控车床的日常维护规程； 2. 能监督检查数控车床的日常维护状况	1. 数控车床维护管理基本知识； 2. 数控机床维护操作规程的制定方法
	（二）数控车床故障诊断	1. 能判断数控车床机械、液压、气压和冷却系统的一般故障； 2. 能判断数控车床控制与电气系统的一般故障； 3. 能够判断数控车床刀架的一般故障	1. 数控车床机械故障的诊断方法； 2. 数控车床液压、气压元器件的基本原理； 3. 数控机床电器元件的基本原理； 4. 数控车床刀架结构
	（三）机床精度检验	1. 能利用量具、量规对机床主轴的垂直平等度、机床水平等一般机床几何精度进行检验； 2. 能进行机床切削精度检验	1. 机床几何精度检验内容及方法； 2. 机床切削精度检验内容及方法

参 考 文 献

[1] 程启森，范仁杰. 数控加工工艺编程与实施［M］. 北京：北京邮电大学出版社，2013.
[2] 夏长富，李国诚. 数控车床编程与操作［M］. 北京：北京邮电大学出版社，2013.
[3] 杨建明. 数控加工工艺与编程［M］. 北京：北京理工大学出版社，2011.
[4] 周晓宏. 数控铣削工艺与技能训练［M］. 北京：机械工业出版社，2013.
[5] 陈华，林若森. 零件数控铣削加工［M］. 北京：北京理工大学出版社，2014.
[6] 董建国，龙华. 数控编程与加工技术［M］. 北京：北京理工大学出版社，2015.
[7] 陈智刚，刘志安. 数控加工综合实训教程［M］. 北京：机械工业出版社，2013.
[8] 叶伯生，周向东. 华中数控系统编程与操作手册［M］. 北京：机械工业出版社，2010.
[9] 崔兆华. 数控车工［M］. 北京：机械工业出版社，2008.